U0391933

收纳彩虹法

THE HOME EDIT
Life

CLEA SHEARER & JOANNA TEPLIN

［美］克莉·希勒　［美］乔安娜·特普林　著

陈晓宇　译

中信出版集团｜北京

图书在版编目（CIP）数据

彩虹收纳法 /（美）克莉·希勒，（美）乔安娜·特
普林著；陈晓宇译 . -- 北京：中信出版社，2024.1
书名原文：THE HOME EDIT LIFE
ISBN 978-7-5217-5742-2

I. ①彩…　II. ①克…②乔…③陈…　III. ①家庭生
活　IV. ①TS976.3

中国国家版本馆CIP数据核字（2023）第 088030 号

彩虹收纳法

著者：　　［美］克莉·希勒　［美］乔安娜·特普林
译者：　　陈晓宇
出版发行：中信出版集团股份有限公司
　　　　　（北京市朝阳区东三环北路 27 号嘉铭中心　邮编　100020）
承印者：　北京尚唐印刷包装有限公司

开本：787mm×1092mm　1/16　　印张：16　　字数：140 千字
版次：2024 年 1 月第 1 版　　印次：2024 年 1 月第 1 次印刷
京权图字：01-2021-4944　　书号：ISBN 978-7-5217-5742-2
定价：88.00 元

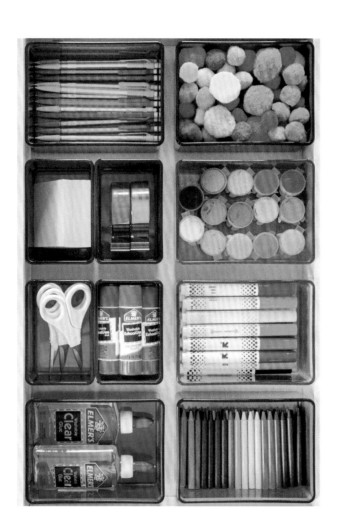

THE
HOME
EDIT
Life

彩虹收纳法

致我们身边那些妙不可言的人：

一直宽容我俩的家人和朋友、表现优异的员工、

不知疲倦地支持我们的经理和经纪人、总会为我们安排舒适酒店的行政经理、

确保我们绝不触犯法律的律师以及

让我们的梦想成为现实的克拉克森·波特出版团队，感谢你们的付出。

目录

序言

这本书写给那些喜欢在空闲时间整理收纳的人；写给那些想要家里保持整洁但总是抽不出时间行动的人；写给那些受够了橱柜里放满儿童吸管杯，想要更多空间放香槟杯的妈妈；写给那些坐在办公桌边忍不住想自己怎么会有那么多没水的签字笔的上班族；写给那些手工爱好者、美妆品迷和旅游纪念品收集爱好者。

总而言之，这本书献给所有人。我们之所以写这样一本书，是想告诉大家如何过上自己喜欢的生活而不会因所拥有的物品而倍感压力，并且告诉大家需要整理的不仅限于食品柜、橱柜和家里的其他房间，还包括你的收藏爱好品、旅行用品，甚至手机。收纳是任何人都可以采纳的一种生活方式和思维模式。你可以把这本书看作 360 度全方位的收纳解决方案，帮你清除生活的混乱并收纳你拥有的所有物品——无论是什么。

好，说了这么多，现在让我们走进家里，把购买和持有日常用品带来的内疚感丢在门口——稍等，能先脱鞋吗？谢啦！

memories

第一部分

采用 360度全方位的 思维摸式

我们在《收纳的基本》一书的末尾承诺，我们的方法会帮助你整理并保持空间整洁。但"你可以把马儿带到河边，却没法让它喝水"（追寻这句话的来源有意义吗？维基百科肯定会说是德雷克写的歌词）。有多少人能够真正执行，我们心里还真没底。不过，收到那么多读者的回复，看到那么多空间变得整洁，真的让我们喜出望外。看到粉丝们把自家橱柜、玄关、够不着的层架和食品柜收拾得如此整洁，我们就像"照片墙"上那些妈妈一样自豪。

不过，难道我们没有强调过，在尝试整理小空间之前不要立马整理大型食品柜？总会有人在"照片墙"上提示我们，让我们看她/他把食品柜里的所有东西都拿出来堆在厨房里，标题是"刚收到你们寄来的书，开始整理！"每当这时，我们都想隔着屏幕大喊："不！不要这么做！"我们真心希望这些雄心勃勃的读者最后能够志得意满，而不是躲在角落抹眼泪。即便我们自己也有过为乱作一团的食品柜掉眼泪的亲身经历！好吧，其实没哭，不过确实慌到喘不过气，并且不停念叨："继续吧，继续吧，继续吧。"

我们发誓，这不是要剥夺你收纳的乐趣，而是想再一次强调：从小处着手，慢慢升级，才是成功收纳的最佳方式。从收拾小抽屉开始，这看似无足轻重，实际上却和整理更大的空间一样有意义（还有比井然有序的浴室柜抽屉更让人舒心的吗），它能帮你消除常见的麻烦，还能提升日常生活质量。换句话说，如此一来，你就不用再翻箱倒柜地找发绳，或是到处找笔签文件了。我们都这么说了，你还不打算从小处开始整理吗？

重新整理杂物抽屉

那么，如果一个抽屉里装的都是杂物怎么办？只要每件物品都分类放好，符合你的日常生活习惯就够了。收纳不是只有一种模式，根据你的需求整理空间才是最佳之选。

《收纳的基本》
带给我们的五大惊喜

1. 好多人带这本书去海边度假！在那里阅读有关收纳的书！这真是令人难以置信。我们心想，不会是书店里有关惊悚浪漫悬疑凶杀的书都卖光了吧？

2. 人们会去当地图书馆借阅《收纳的基本》。让我们高兴的是，大家不仅为此光顾图书馆，而且更让我们受宠若惊的是，他们会预先登记借阅，然后为此等上好几个星期。我们收到了世界各地图书馆等候借阅名单的截图。

3. 孩子们喜欢收纳，不仅是我俩的孩子！在图书签售会上，好多孩子拿着自制的便笺或者自己收纳的成果照片给我们看。当然，我们会向他们的父母说"不用谢"，然后询问他们以后是否想来我们公司工作。

4. 根据我们在"照片墙"上的标记图片，养狗的人比养猫的人更喜欢这本书。这当然不是科学调查结果，还需要更多数据才能给出更精确的结论，但我们的确要在"猫族群"中多下功夫。

5. 《收纳的基本》荣登《纽约时报》畅销书排行榜！这是可以念叨一辈子的事，而且很可能会刻在我俩的墓碑上。就差让我们的老公向别人这么介绍我俩："我们的妻子是《纽约时报》畅销书作者"。非常感谢我们的读者和粉丝，从《收纳的基本》出版第一天起就一直给予我们支持！

　　不过，有一点是确凿无疑的：《收纳的基本》既吸引了那些已经热衷于收纳的人，也吸引了需要更多帮助才能跨过收纳门槛的人。有些人说我们在书里讲的都是他们爱听的，另一些人虽说对书里的许多概念感到陌生，但仍然乐于接受这些新想法。有些人会拿着荧光笔边读边画，有些人只看图片。这都无关紧要，只要有人喜欢家居收纳，我们就很开心——我们以为除了我俩没人会这样呢！

　　我们还了解到另外一件事：《收纳的基本》有几页是目前最受欢迎的内容，首先就是我们的"低标生活"准则。对需要重温我们生活格言的你们而言，其实就是把生活标准降到很低（仿佛低至地面），这样我们才能时刻感觉自己有所收获。如果记得喂孩子吃东西，并且一大早穿戴齐整，我们就给自己五星好评。当你放低期望值，你会惊奇地发现自己能实现很多目标。

"低标生活"
读者评论前五名

我们让读者分享自己的"低标生活"时刻，哇，原来他们都经历了这些。

1. "果酒就是水果——每杯酒都能让你获得水果的所有营养；你不仅喝下满满一杯抗氧化剂，也在积极预防坏血病。"

2. "如果孩子们在尖叫，说明他们还很有活力。"

3. "有时候我用麦片充当孩子的晚饭，还像奥普拉一样给他们洗脑：'你吃麦片啦！你也吃麦片啦！大家都吃麦片啦！'"

4. "我待在健身房的时间不长，待在健身房停车场刷"照片墙"的时间挺长，所以自始至终我感觉都挺好。"

5. "我在气泡酒里加入冰块，这样可以多补充一点水分。"（这条是克莉自己提供的，不好意思，但我们并不为此感到抱歉。）

心安理得的生活

"低标生活"和我们另一句名言"扔掉东西也没关系"的共同理念是：当面对自己持有的物品时，无须有负罪感。打造"低标生活"的时候，我们要营造一种即便是一点点付出也能获得成就感的氛围。比如，你今天洗头发了就很好。所以，即便没有吹干（吹干，那可是更高标准）又怎样？头发干净了就行。

同样，我们不希望你因为连续五天用免洗蓬蓬粉感到羞愧，也不希望你对断舍离心怀愧疚。毕竟，家里存放的应该是你喜欢、需要或有感情的物品。来看看下面这些例子。

你可能会喜欢的	你可能需要的	你可能有感情的
蜡烛	电池	童年物品
衣服	文件	家传宝贝
加框照片	洗手液	孩子的手工
吉他	灯泡	便条与卡片
首饰	纳税申报单	老照片
花瓶	马桶搋子	结婚礼服

你觉得需要但几乎用不到的部分东西

- 明年感恩节前过期的南瓜泥（你去年也没用它做南瓜派）

- 几罐炼乳

- 从主题公园带回的纪念饮料杯（用照片留住回忆——放了那么久的饮料罐就算了）

- 任何缺胳膊少腿的东西（你不太可能去维修店修好家里的搅拌机——买个新的就可以）

- 花店送的花瓶

在斟酌是否该留下某件物品的时候，可以这样问自己："这件东西能归为喜欢的、需要的、有感情的三类中的哪一类？"如果你确实还喜欢它（可能你最近都没穿某件毛衣，这时候想起来套上它），或者还需要留着它（我们都离不开马桶搋子），又或者它对你有特殊意义（你的孩子为了给你准备母亲节礼物，真的在那块他们送你的石头上花了不少心思），那么按照我们的标准，它就该留下来。接着，我们就进入心安理得的生活的下一阶段……

完全可以
持有物品

再强调一次。

完全
可以持有
物品。

我们为每个人清理家中杂物的举动感到骄傲，这是收纳过程中的关键一环。如果你按照本书的标准对家中物品进行断舍离，剩下的物品就都是对你有意义的（马桶搋子总有一天会派上用场）。那么你就可以心安理得地拥有那些构成你生活的物品。

你刚出生的宝宝需要一整柜尿布，你十几岁的孩子需要一整柜体育用品，为什么要抗拒这个事实呢？拒绝而不是拥抱现实，是非常低效且没有任何益处的行为。寻找一个能够容纳所有生活必需品的收纳方案，而不是活得不像自己，我们认为这是值得花费时间和精力的事情。

井然有序和极简主义

人们常常会将井然有序和极简主义混为一谈，实际上它们是两码事。极简主义可以被定义为更精简的生活，而井然有序是以高效且有条理的方式整理物品或完成任务。极简主义是一种设计风格，是生活方式的一种选择。井然有序，不是指减少生活物品，而是意味着要对持有的物品多加考虑。你要对自己的物品和空间给予同样的尊重。有篇文章曾经称我们为"能让你收纳更多物品的收纳高手"。我们听了都笑出声来，但这是大实话。我们希望帮助人们在自己的舒适区内生活，而不是让大家把所有东西都扔掉。因为虽说你不可能拥有一切，但还是可以拥有不少东西。况且，如果盲目地丢掉一切，也依然免不了补充一些切实需要的东西，这是比寻找适应当下生活的合适方案更浪费的行为。

二八黄金定律

　　我们的核心理念之一是：要么拥有东西，要么拥有空间，不可能两者兼得。家里每件东西都要占据一定的物理空间，这样发展下去的最终结果是，再大的房子也有可能不够装。那么我们怎么避免这一局面呢？那就是遵守二八定律：填满家里 80% 的空间，让剩下的 20% 留白。把所有可用空间填满，你的衣橱就会像吃太饱后的皮带扣一样尴尬。还想再买双鞋子怎么办？家里没有留白的空间，你就没了选择余地，也过不好生活。

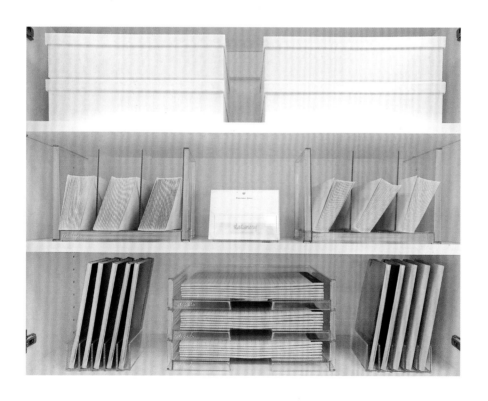

避免空间不够用的五大秘诀

1. 别再买衣架了！有多少衣架就用多少衣架，你就不会再烦恼。

2. 把东西都装起来，这样就能及时了解物品是否超出指定空间。

3. 每次想买东西的时候，问问自己："它要放在哪儿？"如果没有答案，就别把它买回家。

4. 每年重新整理一两次家里的空间。

5. 戴上电击项圈，用体罚的方式阻止自己出门买更多东西（开个玩笑）。

　　当已占用空间逼近 80% 的上限时，你会发现收纳不像过去那么合心意了：你开始把东西塞进抽屉，食品柜乱成一团，你打算把自己冬天的外套悄悄塞进女儿的衣柜。这些都让人感到不舒服，并且很快就会变成令人沮丧且无从下手的难题。这会儿该我们出场啦！我们能帮助你在容纳所有需要、想要或要使用的东西的同时，解决空间不足的问题。不管留下这些东西是因为有了孩子，还是因为工作需要或者仅仅是因为它们赏心悦目——在我们看来都完全可行。只要你能在不蚕食家里剩余空间的前提下给它们找到合适的位置，我们就没有理由让你强迫自己适应并不习惯的简约生活。

360 度全方位收纳

我们说可以心安理得地持有物品，这里的物品指的是所有类型的物品。收纳既是体力活，又是脑力活。想要做得彻底，就要做好准备——面对自己的问题，决定心中的优先顺序，有时还要包揽后期维持的事。所以在开始之前，问自己一些问题，深入地寻找答案，会对你的整理收纳工作大有帮助……（免责声明：我们可不是心理治疗师，只是在"照片墙"上扮演类似的角色罢了）。

我们从"为什么"这个问题开始寻找答案。你为什么要整理这块地方？因为车库乱成一团，你没法找到里面的东西，还是因为你一直想腾出几个柜子专门放圣诞节的装饰品，或者因为你的孩子刚进入大学，你想要处理他们留下来的杂物，然后把他们的房间改成期待已久的手工壁橱？（动手吧，空巢父母们，放手去做吧！）这里没有错误答案！老实说，整齐收纳圣诞装饰品或手工制品的房间，给人感觉就是人间天堂。关键是从一开始就要清楚自己的目的，并在整理每一处的时候把目的牢记在心。这样你才能设定可实现的计划和符合现实的目标。

接着回答"谁"的问题。我们喜欢问自己："收纳是我的问题，还是我们的问题，抑或是他人的问题？"我们承认，为客户做收纳整理的时候，我们多半会付出加倍的努力，不是因为收纳本身需要，而是因为这让我们自己感到满意。把谷物棒排成完美的一列，确保卫生间镜柜里的洗漱用品标签都朝着同一方向，等距挂放壁橱里的衣架：这些是自己的问题——我们这么做是为了让自己满意。如果你想通过极致收纳取悦自己，那么就要确定对家庭成员的合理期望，以及自己能否揽下收纳所有物品的任务。我们并不指望自己的孩子能按照颜色排列他们的蜡笔，但会希望他们把蜡笔放回蜡笔盒。让家人承担诸如物归原处等简单任务并没错，如果他们总是拒绝这样做，那就不是我们自己的问题，是他人的问题。

很多客户找到我们的时候，都带着亟待解决的"他人"的问题。这里我们要说一句：这个问题完全可以解决！你可能在玄关为家里每个人分配特定的挂钩，还贴心地用好看的手写标签做了标注。然而，不管你说多少次，他们总会

把东西丢在椅子上。对你的家人来说，这个方法过于复杂，所以先别把孩子视作"洪水猛兽"，也别着急给丈夫贴上"脏乱差"的标签。试着稍稍调整这一方法，先放过你的家人，然后你自己才会满意。

上述问题可以这样解决：别用挂钩，改用落地置物盒。置物盒既美观又能很好地收纳玄关的物品，让你的家人有地方丢东西，这可是他们非常擅长的事情。

如果是"我们"的问题，这就意味着家里所有人都要负责维护和保持。每个人都要记住收纳方法与规则，让它成为我们的直觉。一旦收纳成为我们的直觉，就像仙女获得双翼。很多人总是抱怨自己的家人／室友／伴侣没法与他们一起维持屋内整洁，我们会给他们推荐抽屉餐具收纳盒。任何人，只要具备3岁小孩的智力，都会接受一个餐具分类收纳的抽屉。哪里放叉子，哪里放勺子，

彩虹收纳法

一目了然；而且只要把餐具放在各自的格子中即可，不需要整齐排列（如果你觉得需要，那就是你自己的问题）。我们经常举这个例子，因为家里的每个人都会在无意识的情况下，认可这一简单的收纳方法。而且你知道我们经常说从抽屉开始收纳，如果他们能收纳好一个抽屉，就能搞定更多地方（顺便提一句，整理竟然能像仙女获得双翼，这点我们可真没想到）。

了解你自己

　　我们不怕与大家分享自己的问题（尽管我们的妈妈希望我们在将自己的"怪癖"公之于众之前再慎重考虑一下），因为这是我们自己的亲身经历：我们有自己的长处（收纳）和短处（收纳之外的所有事）。而且我们发现，承认自身的问题，能帮助我们的粉丝搞清楚他们自己的问题。或者，如果承认我们自己的生活也是一团糟，能让他们感觉好一点，这也值得欣慰。不管怎样，我们都乐于效劳。既然大家都喜欢了解我俩的"神经质"，我们就把它们列出来，必要时供各位消遣或提神之用。

我们的部分问题列表

最害怕：蛇，飞行，呕吐，电池酸液，鸟屎，在地震的时候做硬膜外麻醉，干性溺水（你听说过这种情况吗？那可真吓人）。

我们坚持：飞机起飞前三小时到达机场，乔安娜走路要走左边，克莉在酒店里要睡在离门更远的那张床上（害怕有人持刀闯入），喜欢说喜剧片《富家穷路》中的台词，在饮料里多加一份冰块（喝香槟和健怡可乐时都是如此）。

最痛恨：大声嚼东西的人，有人发出难听的擤鼻涕的声音（何必呢），咕噜咕噜地喝东西，呼吸沉重的人（我们已经将其视为严重问题），迟到，闪闪发光的亮片，走路很慢的人。

坏习惯：醒着的时间＝看手机的时间，熬夜到很晚，在床上吃东西。

让我们放松的东西：香槟，商业书刊，美国广播电视台真人秀《创智赢家》，瑞士小鱼软糖，真实犯罪播客，机场酒吧，贝果，颈枕。

　　做一下九型人格测试，就能了解很多信息。当我们做完九型人格测试，我们对自己个性中好的一面和没那么好的一面有了更清晰的认识。所以，"认识你自己"（这是苏格拉底的名言，可不是德雷克原创），然后再踏上整理生活的征程。了解自己的行为诱因、潜在动机和底线，你就不会在面对堆成山的儿童吸管杯时失控大哭。

测试结果表明，
我俩都不是人见人爱之人

克莉 第三型人格 （成就型）

概述：自信，有能力，有野心，富有魅力（嗨，别这么说！请继续……），真诚，沉着，过分关注自己的形象和人们的看法，工作狂，乐于竞争（好，真的可以打住了）。

行为动机：希望获得认可，与众不同，想被关注和仰慕，给别人留下印象（特别酷的个性——开玩笑啦，这是最没个性的个性）。

第三型人格的知名人物：这个测试最棒的是，它会告诉你哪些名人和你是一类。第三型人格的名人，有如雷贯耳的奥普拉、瑞茜·威瑟斯彭、保罗·麦卡特尼和麦当娜，但名单很快走偏，你还会看到伯尼·麦道夫和O.J.辛普森。

乔安娜 第四型人格 （自我型）

概述：自我意识强，敏感，内向，忠于感情，有创造力（目前表现还不错），情绪化，有主见（嗯，就是这样），自我放任，戏剧化，轻视一切（我们为什么要这么对自己）。

行为动机：表达自我和个性，让美好事物环绕左右以保持自己的情绪和感觉，远离人群保持自我形象，优先满足情绪需求。

第四型人格的知名人物：第四型人格的知名人物的争议少一些，有鲍勃·迪伦、迈尔斯·戴维斯，但也有看似格格不入的魔术师克里斯·安吉尔。

测一测你的人格类型

测试的时候，如果你发自内心地赞同相关正面陈述，并以"我感觉自己是这样"的方式认可负面陈述，那么你测出来的人格类型就是准确的。虽说发现自己同O. J.辛普森的人格特质有相同之处一点也不有趣，但这有助于我们对自己有更多了解，同时自身处理问题及与人交流的方式一下子也变得非常清楚。我俩的体会是，知道我们分别是第三型人格和第四型人格之后，我们变成了更好的朋友、更易于沟通的业务伙伴，在为客户收纳的时候会冒出更多想法。我们挺幸运的，第三型人格和第四型人格互补，可以互相补充对方缺乏的特质。其实不用测试，我们也明白这一点，但是九型人格测试结果认定，我俩的组合是"充满活力、天资聪颖和具有时尚气息的典型，能够享受生活中更美好的事物"（如大家所知，我们是孜孜不倦钻研精品酒店的博主）。测试结果还显示"这一组合有难以付诸言语或理性解释的联结，好像两人上辈子就认识，两人互为灵魂伴侣"。我们可没哭，不过是因为过敏红了眼睛。

测测你的个性——任何类似的测试都行，能让你对自己的行为动机有更清晰的认识。说服家里其他人也测一测，这样你能更好地了解他们。对九型人格不感兴趣？你可能更适合星座，或者试着做一做霍格沃茨魔法学校分院测试——即便你不是哈利·波特迷（可惜了），也会觉得这个分类特别准。就凭克莉的果断、勇敢、雄心和社交能力，她一定会被分到格兰芬多学院；乔安娜努力，有奉献精神和耐心，忠诚且具备强烈的道德意识，所以一定属于赫奇帕奇学院。我们想说的是，我们自己的言行、身边人的言行能揭示许多信息，并指导我们的行动与决策。

一定记着，你完全可以同与自己截然不同的人一起生活——这是世界正常运行的动力。如果关注我们的时间足够长，你可能已经发现，我们俩是既对立又统一的组合。正是这样，我们才能老是待在一起却从未厌倦对方。说真的，即便一整天都坐在一起整理客户衣橱里的衣服，回到酒店后我们也愿意住在酒店的同一个房间。我俩的个性、技能和能力恰好能互补和衬托对方，我们的个性特质不仅使我们成为好的酒店室友，还使我们成为好的队友。

我们总能在以下方面达成一致

1. 一般人做出改变生活的重大决定时，通常需要长时间的对话、讨论和妥协。我们可不这样！对于重大问题（比如开公司），我俩吃顿午饭就解决了。

2. 电视节目。这看上去是小事，但是怎么和一个不想连续看四小时《创智赢家》的人共同生活呢？

3. 必须在飞机起飞前三小时到达机场。

4. 绝不能接受在公共场合打赤脚的行为。

5. 谨言慎行不吃亏，轻率莽撞必后悔——向来如此。

6. 密室逃脱是史上最糟糕的娱乐项目。

7. 只要两个孩子，不能再多了。对于生孩子这个话题，不仅没商量，而且永远不准提。

8. 在飞机上、机场或晚上十点之后摄入的卡路里都不算数。

9. 宁愿挤在五星酒店的一个房间里，也不要分住两个不舒适的房间。

10. 分开 24 小时后，就会有分离焦虑。

　　我俩截然不同，这是好事！我们会在必要的时候，发挥各自特长，互相弥补短板。认清各自的优势和弱势，能让我们高效工作，以及合作完成每项任务。比如，克莉喜欢在"照片墙"上记录难忘瞬间（啊哈，看看第 36 页她的测试结果），而乔安娜喜欢坐在地板上整理小到不能再小的物件，因为她乐于奉献和富有耐心。了解我们各自的动机、长处以及我们为什么会青睐某个项目的某些部分，对我们的收纳业务很有帮助。因此，为客户收纳的时候，我们不会纠结，不会感到沮丧；即便是克莉负责整理整面墙的鞋子而乔安娜花 5 小时分拣抽屉里的珠宝这种分工，也没有任何问题。你和同住一个屋檐下的人也可以这样，不管是和朋友、伴侣还是孩子同住，都没问题。意识到你们的不同，就迈出了维持家庭和谐与整洁的第一步。

我俩的典型分工

游戏室

克莉：按照颜色摆放书籍，购买书架

乔安娜：分拣玩具和手工制品

衣橱

克莉：摆放鞋子和手提包

乔安娜：叠衣服

卫生间

克莉：把化妆品收进亚克力抽屉

乔安娜：打造"日用品"抽屉

食品柜

克莉：用储物罐打造视觉焦点

乔安娜：收拾茶水吧

我俩就像时钟的指针一样，每次都能发挥各自独特的作用。而你一旦开始收纳，也会自然而然地关注那些最让你兴奋的部分。你可能像克莉一样着眼于大局，也可能像乔安娜一样重视细节。为了达到同样的结果，你可能会采用不同的方法。认清自己属于哪一类收纳者，会让收纳过程变得有趣而不是充满挫折。

所以，在通过测试把自己归为不同类型、星座或者魔法学院（其实比听起来要酷得多）的过程中，不妨停下来做一做这个最关键的测试——你属于哪种类型的收纳者？换句话说，你是克莉型还是乔安娜型？你可能会说："我可不想成为你俩中的任何一位！"别急，我们也是这么想的——可生活就是这样不遂人意啊！

你是克莉型还是乔安娜型？

彩虹收纳法

1. **你家是？**

    A.   充满各种颜色和图案——越多越好

    B.   黑白色调，适当加入彩虹色

    C.   无所谓，由家里其他人决定

2. **你最喜欢的活动是？**

    A.   做水疗

    B.   找房子

    C.   密室逃脱

3. **你搬家的情况是？**

    A.   搬到一处就不再挪窝了

    B.   搬了好多次——从不知道什么叫"永远的家"

    C.   这是最后一次搬家——搬家太累人了

4. **当孩子大喊"爸爸"的时候，你会？**

    A.   庆幸他们没大喊"妈妈"

    B.   庆幸他们没大喊"妈妈"，然后给自己倒一杯香槟

    C.   温柔地回应："你们想要什么？"

5. **假如你被关进监狱，原因会是？**

    A. 游乐场有小孩从本该向下滑的滑梯滑道往上爬

    B. 有人咕噜咕噜地喝牛奶

    C. 你从不会做进监狱的事

6. **你会怎么告诉朋友和家人自己被劫持？**

    A. 发大便的表情（其他时候都不可能用到这个表情）

    B. 拨打 911 报警电话

    C. 从没想过这事

7. **你的理想假期是？**

    A. 到没有电视的黑莓牧场，然后就在那儿待着，享受全天候供应的美食

    B. 去伦敦，那边早餐就供应香槟，而且可以一直"买买买"

    C. 躺在沙滩上，脚趾缝里都是沙子

8. **最让你感到困扰的是？**

    A. 带一根谷物棒离开加拿大，没有向海关申报携带水果和坚果离境

    B. 食品过了保质期和得了食源性疾病

    C. 遇到世界性灾难（比如跟食物没关系的那些坏事）

9. **某天早晨有空，你会？**

    A. 健身

    B. 睡觉

    C. 到孩子的学校做志愿者

10. **假如中了 100 万美元，你会？**

    A. 花 99.999 万美元买蓝白色抱枕，然后存 10 美元

    B. 立马卖掉现在的房子，花 99.999 万美元买新房，然后把剩下的 10 美元存起来

    C. 做些"靠谱儿"的事，比如为未来投资

11. **在飞机上，你会？**

    A. 靠着颈枕，一手拿商业书刊，一手拿一包糖果，腿上至少盖三条毯子

    B. 掏出 iPad 和 iPhone 充电并连上无线网，然后举手要一杯饮料

    C. 往后躺，放松，小睡一会直至飞机降落

　　如果你大部分选A，你就是乔安娜型！你喜欢甜美和色彩丰富的东西，在游乐场经常小题大做，所以要不断提醒自己放轻松。

　　如果你大部分选B，你就是克莉型！你喜欢黑白和彩虹色系，你时刻需要刺激，搬家是你的一大爱好。你有恐音症，有人在你旁边擤鼻涕或嚼口香糖，你就会如坐针毡，所以要当心。

　　如果你大部分选C，那么你就是一个冷静理智的人，很可能不喜欢跟我俩同坐一个航班。

　　现在我们彼此都更了解了，那就赶紧进入收纳的生活吧！

第二部分

按照你
真正的生活
方式收纳

同样的步骤，不同的心态

　　我们想要帮你更深入地整理构成你的生活、填满你家的那些东西。因为不管房子大小，我们都要面对一件件物品——这一点毋庸置疑。小孩的东西、与工作相关的物品，还有那些我们需要、常用或喜欢的物品，我们要把它们放在哪儿，用它们做什么，如何收纳它们。不过，先允许我们重复之前的话：只要你尊重自己的物品、空间（记住我们的二八定律），你完全可以拥有东西。只要不把它们塞进角落，只要家里的抽屉不会关不上，总会有办法收纳，我们是来帮你找到解决办法的。在这一部分，我们会向你展示在收纳过程中最常见的一些物品，并尽我们所能指导大家完成这些物品的收纳。

帮你保持清醒

想象一下，你马上就要错过接孩子放学的时间，你不用浪费宝贵的时间到处找钥匙，因为它们就待在你上次放的地方——抽屉里，旁边正是你昨晚根本没想起来签字的同意书——今天正好要交。这就是有效的收纳系统的魅力啊，各位！一旦你建立了符合日常惯例和包含所需物品的系统，生活会变得更容易管理，你也会更快乐、更清醒。还有比这更好的事吗？

理性在先，美观在后

当你着手整理的时候，最好有条理地进行，就像从整理抽屉这样的小处着手一样。我们坚信，整理任何空间的最佳方式是，首先尽量完善其功能，然后再尽量赋予其美感。建议你按照这种顺序来操作，因为如果只想着让这个空间好看却没有恰当发挥其功能，最终它又会回到一团糟的状态。如果从理性入手，收纳系统建立起来之后总有机会提升空间的格调。相信我们，你一定会有这个机会，因为你会更喜欢整理后的空间。

当你考虑建立理性收纳系统的时候，最好分区来收纳不同种类的物品。可以把食品柜分成几个大区（比如厨具、食物和收纳用品），也可以把卫生间的美妆抽屉分成几块（如棉球、化妆品、指甲油和湿巾）。这样按照物品种类分区，既健康又有益；不仅为物品指定区域，还能让你时刻牢记不要超出该区域。如果你遵守我们的分区原则，你就已经跨进成功收纳的门槛了。

1. 按大类收纳。我们不喜欢把相似的物品分开放。零食这里放一些，那里放一些，真的会让人很焦虑。这样你要么会找不着东西，要么会重复购买，因为一眼看去没法了解所有相关存货。我们喜欢这么打比方：朋友们应该待在一起，一个都不能少！是的，我们经常把类似的物品比作好朋友。

2. 创建一个符合逻辑的流程。你的目标是为划分的区域营造一种凭直觉就能遵守的秩序。再以食品柜为例。食品区的收纳要遵循从早到晚的流程：从早餐食物到晚餐食物，从零食到甜点。烹饪区的油和醋要放在调味料的旁边，靠近烘焙用品（这些都是烹饪的基础）。或者想想游戏室的布置。你可以根据孩子对空间的使用分区：填色和阅读的安静区以及搭积木和换装游戏的活动区。设定每个区域的情境，有助于强化收纳系统的功能，因为每一个决定背后都有真实的理念在支撑。每件物品的使用情况都清楚明了，这样系统才不容易崩溃。

3. 考虑空间的使用者。这一点我们提过很多次了，但是值得反复强调。把物品放在哪里以及如何确定你的收纳区域，是维持收纳系统秩序的关键。某些东西是放在底层架子上方便孩子取用，还是搁在他们够不到的高层架子上？门口玄关空间是不是家里每个人都能轻松使用？

提前考虑上述事宜，可能（我们也不能保证）会让你的孩子、伴侣、室友和其他人一直遵守你精心设计的收纳原则。

你可以持有物品，当……

它帮你照顾好自己

我们如何保持健康

早上来一杯

乔安娜：如果前一天晚上太嗨，就喝无咖啡因或咖啡因减半的低因咖啡

克莉：两小杯意式浓缩咖啡，然后一整天都喝个不停

日常锻炼

乔安娜：上芭蕾课或跑步

克莉：锻炼可不是日常生活的一部分

营养来源

乔安娜：自诩为素食者——只吃面包、贝果、番茄、黄瓜、泡菜、刺山柑花蕾、牛油果和法式吐司

克莉：正相反——芝士、肉类、鱼类和蔬菜

健康

乔安娜：不相信维生素的作用

克莉：囤了一堆维生素，却总忘记吃

禅定一刻

乔安娜：一碗瑞士小鱼软糖（这可不像素食者的风格）

克莉：一碗香槟（绝对超过一杯的量）

你看，不同的人有不同的照顾自己的方式，我们坚决支持其中任意一种。为客户规划并建立日常生活秩序，是让我们愉快的任务，因为它可以提升客户的生活愉悦感。有时客户并没有意识到自己的日常生活是一天之中最重要且最宝贵的部分，除非我们再三强调。还能想到比自我关怀更棒的事情吗？不太可能哦。

在整理收纳的过程中，你可以利用这个机会好好想想如何提升自己的空间，让它满足自己的日常需求。如何在家中创造一个提升身心健康的区域，从而让自己更好地迎接每一天的生活？可以是随时给自己提供能量的咖啡站，也可以是一个做瑜伽的空间。不管怎样，这都会是你生活中最有价值的收纳空间！

如果
你喜欢
早起

哪怕就用 5 秒时间浏览我们的"照片墙"页面，你就会了解我们对晨间饮品站的喜爱。茶、咖啡、可可……不管你喜欢什么饮品，整理它们都挺有意思。

把物品放在抽屉里

第一步：将各种茶包按照咖啡因含量、种类和茶包形状分类。其中有些是超大包或者异形包，就需要不同的抽屉隔断。

第二步：罐装茶叶可以单独排列，因为茶叶罐本身就是好看的容器，不仅有密封保存的功能，还兼具美感。

第三步：泡茶用具收在糖包旁边，为整个收纳过程画下完美句号。

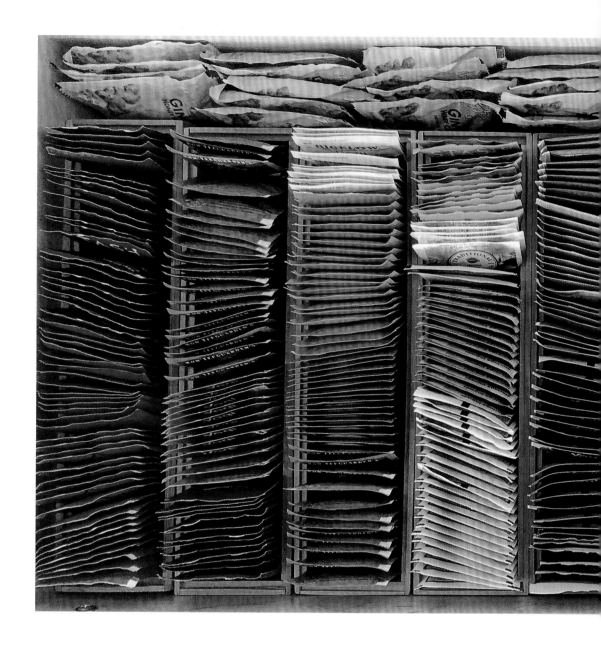

　　情况允许的话，我们还乐于把茶包按照彩虹色系排列。这样也能兼顾分类，因为红色包装的茶常常是含咖啡因的茶，橙色和黄色包装的茶是柑橘味道的茶，绿色包装的茶是绿茶，蓝色和紫色包装的茶是睡前喝的花草茶。

　　我们不时会碰上没有外包装的茶包。这时候，我们会把它们塞进圆形茶叶罐，然后放在茶包旁边。

　　　　　　　　　　　　　　　　　　　　　　　　彩虹收纳法

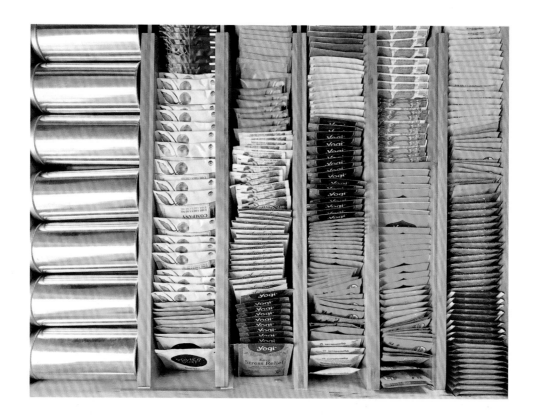

把饮品摆在置物架上

第一步：考虑到茶叶和咖啡的组合，储物罐成为置物架上收纳容器的首选。
我们决定放开手脚，把这里变成仅为早晨服务的角落。

第二步：我们还会摆上马克杯、水壶和榨汁机，以满足各种饮料的需求。

整理
时鲜冰箱

对很多人来说，照顾好自己离不开健康饮食。我们的切身体会是，要在冰箱里装满蔬菜、生食和新鲜香草。所以，我们看到这些东西的时候，就是在完成这样一个收纳使命——为健康生活助力（并且在此过程中记下许多健康要点）。

第一步： 每个冰箱要分区域，冰箱被我们分成果汁、乳制品、半成品、调味酱汁、肉类和芝士以及时鲜产品等区域。

第二步： 还要关注新鲜香草，我俩当然乐于效劳！我们把这些菜放到大罐子里，再往里面添一点水，以保持新鲜，然后放在冰箱门内侧。

第三步： 我们会尽量去掉外包装，选择可循环使用的容器盛装。把鸡蛋放进可堆叠的收纳盒里，把牛奶和果汁倒进玻璃罐里，把切好的水果放进玻璃食品盒里。

彩虹收纳法

我们采取类似方式整理蒂凡妮·西森的冰箱。大部分区域都一样，不过我们要利用更大容量的区域，因为蒂凡妮经常做饭。她家还有花园和鸡舍，所以可以从源头开始规划。我们选用旋转托盘（又名"苏珊偷懒神器"）来盛装各种香草，两侧摆放自制调味料和调味汁以及腌制食品。制备好的水果是最受欢迎的零食，因为不能久放，所以安排在敞口容器里。

常喝的饮料会被我们倒进饮料罐里，但浓缩果汁爱好者应当选择置物盒。喝的时候打开一罐，果汁可以保存更久。

在家
健身

"锻炼？还是算了？"解决这个老生常谈的问题的一个决定性因素就是要尽可能方便。不管是寻找一个离家不远的健身房、一个你喜欢的瑜伽班，还是一条轻松可达的跑步路线，只要能让锻炼不那么辛苦，你就更有可能真正行动起来。打造一个居家健身房，真的能让你在忙碌的一天中挤出几分钟去运动。不一定要买一台跑步机或楼梯机，几组哑铃、一个瑜伽垫就有助于实现你的健身目标。我俩也期待着有一天能够采纳自己的建议！

第一步：我们把运动器材分成男女两组，这样家里每个人都拥有贴有自己标签的健身器材储物箱。

第二步：车库置物架经过改装就变成健身器材架，所有东西都可以搁在上面，远离地面（当然我们根本举不起来的哑铃除外）。

第三步：如果不清楚健身的流程，这个健身器材架就不完美。我们还摆好了毛巾和瓶装水，所有运动必备品伸手可得；把瑜伽垫直接铺在地上，就省去了烦琐的步骤。

如果家里没有空间来设置这样的健身角，又或者相比于在家拉弹力带，你更喜欢上普拉提课，你还是可以收拾出一个角落放健身用品。

彩虹收纳法

洗浴
和美妆
用品

大忙人都喜欢囤货。说实话，没有谁能比凯蒂·佩里更忙，她要到处飞，给《美国偶像》做节目评审，还要设计自己的鞋款（这还只是她的消遣之一），她几乎没有时间去置办生活必需品。当然，凯蒂还需要泻盐和成包的益生菌——健康大事，事不宜迟！

第一步：我们把置物架分成如下几个区域——维生素和健康产品、洗浴用品和旅行用品、美发用品、户外喷雾和浴盐。

第二步：为了充分利用置物架低层（这可是最重要的区域），我们搭配使用我们与货柜商店（The Container Store）的联名产品，在组合抽屉上面放置多功能置物盒，然后用更小的置物盒划分抽屉和置物盒内空间。这样做的目的是让最常用的东西（如每天服用的复合维生素）容易取用，如此一来，这个收纳系统才能真正发挥功用，还不会让人觉得麻烦。这么做还有一个好处是大部分物品都放在低层架子上，高层架子就不会显得那么拥挤。

第三步：把所有东西都收进各自的区域之后，我们就把重复的用品摆在置物盒最前面增加美感。如果不能把所有小瓶漱口水都排列整齐，那会是我们的一大遗憾。

　　至于克洛伊·卡戴珊囤的货，我们决定使用可叠放的抽屉，这样收纳能很好地利用她家较深的柜子。橱柜从地板一直通到天花板，所以我们会把最重的物品往下放（即便可以用梯子取用，你也不想在头顶上方放太重的东西）。克洛伊本来就是擅长收纳的人，我们做的不过是在她已经精心设计的收纳系统中增添一些我们的设计。

　　在整理奥莉维亚·库尔普家的卫生间时，我们的目标和之前案例中的目标差不多——尽可能让大部分物品方便取用。而奥莉维亚真的会用到图中所有东西，每天都用！我们一直在收拾精华液、洁面膏和眼影，以为至少得丢掉其中一些，却未能如愿。不过，我们还是为她的妈妈争取了一个置物盒（加在最顶层），这样奥莉维亚可以把收到的额外物品送给妈妈。

看看萨凡纳·克里斯利家的卫生间就知道她对各类产品的热爱。不过也能看出，她家有许多空间存放不同种类的物品，并且只要她觉得面膜和泡泡浴能让她放松，我们就支持她保留它们。

真人真事

我们整理萨凡纳的卫生间时，收到她发来的一张丝芙兰的照片，她说马上有更多化妆品送到家！

彩虹收纳法

重视
营养素
补充剂

如今，只要有人跟我们说某个东西对身体可能有那么一点点好处，我们就立马来精神。你说姜黄素？当然好。咖啡里加胶原蛋白？算我俩一份。尽管不确定它是否真正起作用，但我们甘愿做小白鼠。我们的客户有时也会囤一堆营养素补充剂，我们会专门为这类物品打造一个收纳区域。况且，把这些瓶瓶罐罐摆在旋转托盘上对我们而言是件乐事——全五星，强烈推荐。

彩虹收纳法

第一步：打造健康产品收纳柜的第一步就是要明确健康对你意味着什么。这些东西是日常生活不可或缺的一部分，还是你偶尔才会吃？如果是后面一种情况……没别的意思——我们自己也有这种负罪感。不过，这也意味着你没必要让这些不常用的东西占据家里宝贵的空间。

第二步：喝茶，实际上是日常生活必不可少的部分。所以我们在底层架子上放置糖包、茶叶罐，并在中间位置放茶包。

第三步：这个柜子的中层层高最高，我们选择在这里存放小瓶的营养素补充剂，把它们摆在双层旋转托盘上，从而可以充分利用空间。

如果你喜欢果泥和奶昔，我们也能帮你。你们常会问我们怎么处理那些似乎放哪里都不合适的不规则的大蛋白粉桶。我们一般会把这些和其他大件物品

放在一起。这些东西都不好看，但是放在一起还算和谐。笨重的果汁机仍放在低处（再次重申：我们要尽可能把重的东西放在低层）。

说到健康，就不得不提精油。我们也是刚开始了解这类东西。第一次整理精油藏品的时候，客户跑进屋里对我们说："你们没碰牛至精油吧？"我们答道："什么？是哪一瓶？碰了会怎样？"这个细节让我们记住了——接触牛至精油会被灼伤。可是看看这些小瓶子多开心啊，按照彩虹色排列在指甲油盒里。只要结果是好的，一切都没问题（这句话忍不住就说出口）。

要说跟精油类似的，那就是维生素了。如果你家没有柜子放大瓶的维生素软糖，就把它收进抽屉！把瓶子放倒就行，然后用抽屉隔断划分不同种类。

你可以持有物品，当……

你需要随时保持联系

不管我们是否喜欢（乔安娜就不喜欢），我们现在就生活在数字时代。没人会动我们的纸笔，但是假如一个文件存储在云端并没有打印出来，它还存在吗？如果没人把活动的照片发布到"照片墙"，这场活动发生过吗？如果你的手机还剩 3% 的电量，而你又没带充电器，你还能活下来吗？（这种情况让克莉脊背发凉。）答案显然都是，"不"。假如决定接受上述事实（乔安娜选择不接受），那么你的使命就是成为电子生存论者。现在，我们来判断你是电子产品新手还是高手。

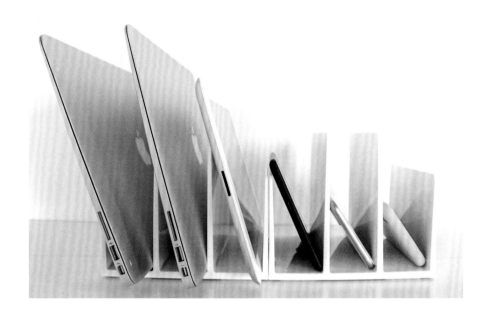

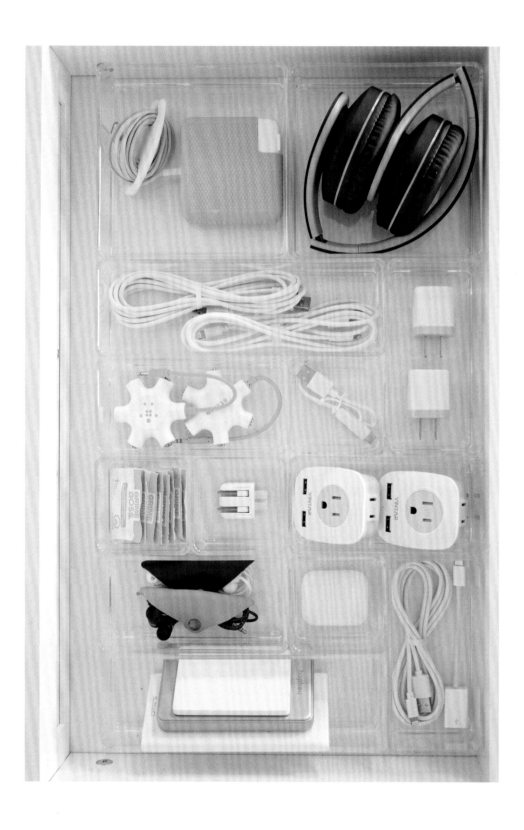

数字时代或传统时代的测试

1. **你的邮箱后缀是？**

    A. @gmail.com

    B. @sbcglobal.net

2. **LOL 的意思是？**

    A. 放声大笑

    B. 许多爱

3. **旅行的时候你会？**

    A. 带三个手机充电器、一些备用电池、两种耳机、一个 iPad 和一台笔记本电脑

    B. 不得不借孩子的 iPad 看《爱宠大机密》，这部电影早就下载到他们的 iPad 里了

4. **在车里你会听？**

    A. 播客

    B. 《骆驼爱丽丝》，因为这是你播放列表中的第一首歌曲，从孩子两岁到现在都没换过

5. **发信息的时候你会？**

    A. 发送简短且令人愉悦的文字，有一半的概率会加上表情

    B. 写一封长长的信，并在最后署名

如果你大多选 A，那么恭喜你进入 21 世纪！本书的这部分内容就适合你看，因为你关心数字技术及各种相关产品。别害怕，我们能帮你整理各种数据线，收纳你的电子产品！

如果你大多选 B……嗯……不要难过。你可能要花一点时间了解电子产品。阅读接下来的部分时，你可以拿起荧光笔，因为你应该不是在 iPad 上看这本书！

克莉的妈妈——罗伯塔，真的以为 "LOL" 是 "许多爱" 的意思，有一次还在一封吊唁信的结尾写上 "LOL"。

配备
各色
电子设备

　　克洛伊·卡戴珊显然会按照颜色分类摆放所有东西，不管是书柜里的东西还是电子产品柜里的东西，都是如此，她就是这么棒。我们亲眼看到她把家里所有东西收拾得井井有条，所以在她家工作是我俩梦寐以求的事。我们希望这些办公柜里的东西，尽可能都方便取用，以跟上她忙碌的旅行和工作节奏。

　　第一步：我们清空柜子，把东西分成相机、胶卷、耳机等几类。

　　第二步：克洛伊和我们一样在意精准，所以我们要确保每一寸空间都被完美利用。这些可堆叠的置物盒既能划分种类，又能集中收纳同类型物品。

　　第三步：她收藏的相机和耳机很多，所以我们把它们分别放在单独的柜子里，不然很快就放不下了。

彩虹收纳法

随时
充电

你是不是属于手机电量低于 50% 就不知所措的那种人？你是不是当手机电池标志变红就开始心慌？你并不孤独，现在这种困扰很常见，而且有解决办法——构建充电站。在家、办公室和车里——任何一个你待的时间较长的地方，搭建一个这样的区域。身边常备一条充电线绝对是个好主意。不过假如在某个地方搭建一个充电站，并且你会在那个地方度过一天中四分之三的时间，那么你有四分之三的概率不会因为将要与世界失去联系而崩溃。

这个客厅的充电站的线路经过我们特别的设置后，几乎看不见。这样既能给平板电脑和手机充电，又不会有碍观瞻。

如果家里有多台设备，或者你想让家里所有人都能使用充电站以控制使用电子产品的时间，使用书立和大型 USB 充电扩展器的组合就行！你可以用书立把笔记本电脑、手机和 iPad 排列整齐，这样在夜里充电的时候也方便存放。

如果你家有 5 台以上需要充电的电子设备，那就按照需求多用几个书立。

额外的
电子设备

每台电子设备几乎都有充电线、转换头和配件。在笔记本电脑、耳机和手机共用一根充电线（为什么这令人头疼的问题还没得到解决？看起来没那么难啊！）这一愿望实现之前，把所有多余的东西都收到一个地方，多少能让事情变得简单一些，而且你的抽屉也不至于被缠成一团团的线填满。

第一步： 所有这些零碎物品都要和它们的搭档放在一起——充电转换头、充电线、耳机、电池和……我们不会轻易祭出这个堪称世上最糟糕的词……软件狗①。

第二步： 不管怎样，我们坚持把上述物品都用抽屉隔断分别收纳。

第三步： 还要加强保护（你们懂的，我俩喜欢加强保护），我们会把所有的充电线和耳机线用收线带绑好以免缠结。

整理这些数据线不一定无聊，你有很多方法来让它变得有意思（整理耳机本不应该是一首诗，结果却成了诗，或许因为我们对这个话题充满热情吧）。

---

① 一种硬件加密装置。——编者注

相册

　　除非你是一名专业摄影师，不然你很可能很久都没用手机以外的设备拍照了吧。我们在拿出手机拍摄日落的时候，不都觉得自己是摄影大师安塞尔·亚当斯吗？在多数情况下，我们拍摄的和分享的都是数码照片。

　　有很多理由可以解释我们为什么要用电子设备存储和整理照片。可以这么想：你觉得你的孩子及其后代会拿起数不清的厚重相册欣赏往日旧照吗？每一本旧相册可都是沉甸甸的，在地下室待了好多年呢。你在最终决定搬到养老社区之前把它们交给后代；而他们很可能宁愿你把照片数字化，毕竟整个世界都是如此——不过，还是愿你在养老社区过得愉快。

1. 纸质的东西往往非常容易丢失或损坏。任何人都不该因为地下室漏水弄坏了南希奶奶的结婚照这种事心怀内疚。如果把照片转存为数码照片，总有机会把它打印出来。但是假如纸质照片没了，就再也没机会把它们变成数码照片了。

2. 相册和相册盒占据太多宝贵空间。大部分人很少去碰这些东西，但仍旧由于显而易见的原因——情感——留着它们（对我们来说，是为了提醒后代，我们也有过看起来并不疲惫的时光）。度假时摄入的碳水化合物不算数，别人点的薯条不计入摄取的热量；同理，数码照片不占据物理空间，所以你可以心安理得地多存几张。

> 　　总有人认为把东西存在"云端"会消失——那就用硬盘啊。对于那些担心隐私泄露的人……确实有这种可能。但是，现在人们每天都在"照片墙"上发一些角度令人不敢恭维的照片，人们都已经如此大方地公开个人隐私了，我们觉着也没什么好顾虑的。

3. 老实说，能坐着就别站着。你是喜欢点点鼠标就能浏览所有照片，还是把所有笨重的相册从架子上搬下来，一张张地翻看？在搜索栏输入一个关键词，就能立马弹出你要的那张照片（这个我们待会会讲到），这就像魔术一样令人惊喜。

4. 你可以随心编辑照片。不管是给 1975 年的老照片调色，还是抹去 2019 年的照片上的皱纹，都有各种照片编辑软件和应用供你选择，方便上手，并且不用求助专业人士就能提升照片质量。

在了解如何整理数码照片之前，我们先讲一讲基本操作。

数字时代前的照片是需要你扫描的照片。不好意思，这一步没法跳过。会花很长时间吗？有可能。值得花这么多时间吗？那多半是肯定的。

第一步：花钱买一台性能好的扫描仪。考虑到效率问题，最好买那种可以自动连续扫描的扫描仪，如果有内置调色和编辑功能就更好了。还有一点也很重要——扫描仪要能把照片自动存放到指定的桌面文件夹里。这就引出第二步……

第二步：每台扫描仪的功能都不尽相同，所以我们略过具体的扫描步骤。不过，所有像样的扫描仪都有一个共同点——它们会直接把扫描的照片发送到桌面的一个文件夹里。这个文件夹（通常默认的文件名为扫描仪型号）是照片的"炼狱"。

> 从点滴开始。这回我们是说真的。别以为你花一个周末就能搞定这事儿，不可能的。最好是从一本相册或小影集开始，不仅限于第一次，以后每次都要这样。如此才能控制你上传和分类照片的过程。

第三步：在桌面创建一个"照片"文件夹，然后在这个文件夹里再创建多个子文件夹（通常按照年份分类），把自动扫描文件夹里的照片拖动到不同年份的子文件夹里。之后总有机会对不同年份的子文件夹做进一步细分。

第四步：照片分类完成之后，就单击照片信息一栏（如果用iPhoto整理，就单击"i"这个按钮）来添加关键词和标签，方便以后检索。

> 添加关键词和标签的时候，要考虑以后如何搜索该照片。比如，全家在海滩度假的照片，就可以用"海滩"做标签。即便你有许多在海滩度假的照片，这一标签也能方便你做筛选。

第五步：决定存储照片的方式。有些人喜欢先把照片存在桌面，然后转存到硬盘里；有人喜欢在iPhoto（用于管理数码照片的应用软件）里收藏照片。还有一种选择是把照片存放在Dropbox（多宝箱）和SmugMug（思麦）这样的存储服务器上，然后设置登录密码。你可以根据自己的偏好和收纳系统的逻辑自行选择以上方法。

选
彩虹色
准没错

如果你读过我们的《收纳的基本》一书，浏览过我们的"照片墙"，或者只是稍稍听说过我俩……你就知道我们对彩虹色的偏爱，彩虹色在我们的工作、生活以及手机（对，就是我们的手机）中随处可见。十有八九，只需要看一眼我们手机桌面以彩虹色排列的应用程序（App），人们就会问我们是不是疯了（答案是肯定的），然后会说我们绝不可能按照颜色找到需要的应用。但是，呵呵，他们不知道这么说会带来什么后果，不过这就是生活，现在这些人就得搬个小板凳，坐下慢慢听我们长篇大论，听我们说为什么按照色彩分类是最实用的分类方法。

在分享如何分类之前，我们得聊聊为什么这么做。手机中 App 的图标可不是随手画出来的，而是经过精心设计的。不仅如此，这种设计还要让 App 脱颖而出。（单边）对话进行到这儿，现在开始测试你们是否能说出自己手机里 App 的颜色。来试试吧。脸书？蓝色。"照片墙"？紫色。Spotify（声田）？绿色。优步？黑色。来福车？粉色。Waze（位智）？蓝色。你自己试试！然后就会意识到，自己早就知道这些 App 长什么样。把那些不是单一色的 App 图标，直接分到彩虹色一栏就行啦！人类视觉辨识的方式与肌肉记忆的形成一样——反复使用。如果你常用这些 App，就能自然而然地记住这些 App 的图标。

如果你已经按照使用类型把手机 App 分成社交、新闻、旅行等几大类，那也没问题。对你有用就行！但通常来说，如果没有明显的视觉标志，你还需要养成良好的翻阅浏览习惯，才能快速找到某一 App。而那些按照首字母分类的人，只能求上天保佑了。你们比我俩还疯狂，我们甘拜下风。

第一步：每次整理都从断舍离开始。每个人的手机里都有不常用的 App（我们也不例外），所以删掉那些过时或者不用的 App，它们只会让我们的手机卡顿。

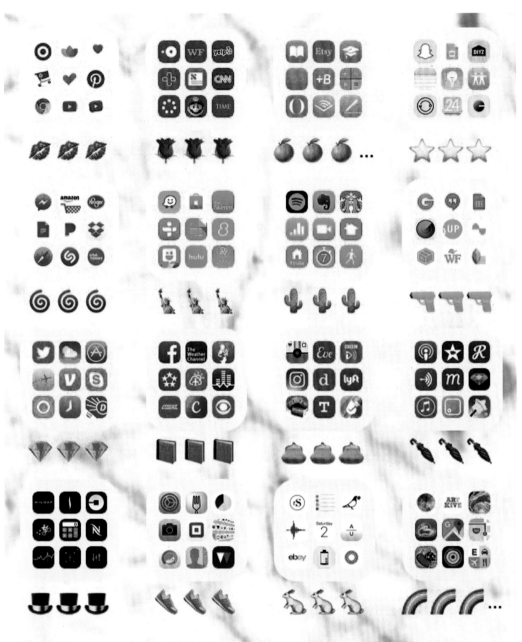

第二步：开始把App放进按照色彩分类的文件夹里。如果某个App不止一种颜色（比如蓝色和绿色搭配的应用图标就很常见），你可以把那些有黑白色背景的App图标同单一色图标分开。

第三步：把最常用的App放在桌面上方，这样你一眼就能看到。色彩文件夹内部的App放置是彩虹色系起作用的关键。

第四步：为每个文件夹搭配一个表情符号。这部分可有意思了，因为找到合适的表情符号让人欣喜若狂，即便没人在乎这一小小成就，你也会心满意足地环顾四周。

你可以持有物品，当……

你总是
在路上

们自己都被这一章内容打动了。我们都快忘了离家近是什么感觉了，能连续两周待在城里就是个奇迹。唯一能帮我们度过日常工作和接连旅行时光的就是一套精密规划的系统，比如下面这个我们订航班的流程。

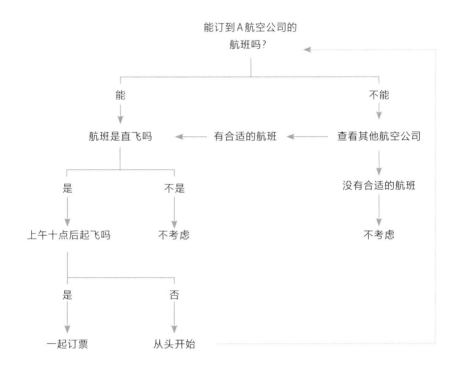

出乎意料的是，我们团队没人再愿意帮我俩订票。最终只能让旅行社代劳，以免有人发疯（更是为了留住我们的员工）。

我们还喜欢为各种事情列清单，可能因为我俩是"200岁的老古董"，如果不把事情写下来，我们总觉得一转脸就会忘掉。即便是习以为常的事情，比如收拾行李箱，假如没有被列入清单，对我们来说都是了不得的事情。尤其当你疲于应付各种琐事的时候，没有列清单的后果就是，一个星期没有牙刷用或没有内衣替换。

行李清单

这里列出的物品并非适合所有人和所有旅行，但是我们出差的时候总会浏览这份清单并勾选可用物品。你甚至可以在自己的行李清单上做注释——哪些你穿过、用过，哪些没穿或没用，如此这份清单会更契合你的需求。

衣物

- ☐ 晚礼服
- ☐ 外套
- ☐ 每日套装
- ☐ 睡衣
- ☐ 袜子
- ☐ 内衣
- ☐ 运动服

鞋子

- ☐ 白天穿的鞋
- ☐ 晚上穿的鞋
- ☐ 运动鞋

配饰

- ☐ 腰带和首饰
- ☐ 手提包
- ☐ 帽子
- ☐ 太阳镜

洗漱用品

- ☐ 隐形眼镜液和眼镜盒
- ☐ 隐形眼镜
- ☐ 化妆品
- ☐ 日间护肤品
- ☐ 一次性面巾
- ☐ 美发用品
- ☐ 发梳
- ☐ 剃刀
- ☐ 牙刷
- ☐ 牙膏

必备品

- ☐ 充电器
- ☐ 迷你折叠伞
- ☐ 耳机
- ☐ 药品
- ☐ 颈枕
- ☐ 手机
- ☐ 平板/电脑

完美收纳的
行李箱

我们总说自己只有一项真正的技能——收纳。但是我们最近发现，还可以加上"专业打包"这一项。以下就是我们将所有东西打包带走的秘诀。

第一步：行李收纳袋能让你的行李箱改头换面，让打包行李和打开行李都变得更容易。关键是要找到适合打包的套装。

第二步：网袋可以使衣物更透气，人们也能清楚地看到里面的东西。只要把东西折叠后垂直放置而不是堆起来，你就能轻松地找到它们，而不用把行李箱翻个遍。

第三步：对于内衣和换洗衣物等更私密的物品，我们通常喜欢用不透明的收纳袋装。没必要在过海关的时候让美国联邦运输安全管理局"帮"你给脏衣服透气。

第四步：备用鞋子和首饰通常放进专用袋。最关键的一定是装洗漱用品的袋子，我们喜欢用带很多拉链内袋的洗漱用品包，这样可以把东西固定在原处，而且最好用防水材质的，以防液体漏出来。

核对清单

你有没有带上：

☐ 从衣柜里拿出来的东西？
☐ 从抽屉里拿出来的东西？
☐ 从保险柜里拿出来的东西？
☐ 从卫生间里拿出来的东西？
☐ 首饰？
☐ 手机充电器？
☐ 洗漱用品？

真人真事

可别告诉别人啊，我们最近一次去伦敦出差，五天行程，我俩带了八件行李箱。机场值机处的人直接问行李的其他主人去哪儿了。

周游
世界的
人

　　外币究竟有什么特别之处呢？大概是它们有各种颜色比较好看吧。如果你经常出国旅行，就在家里找一个容器放没用完的外币，以后说不定用得上。入住酒店的时候，准备好当地货币当小费绝对是明智之举。

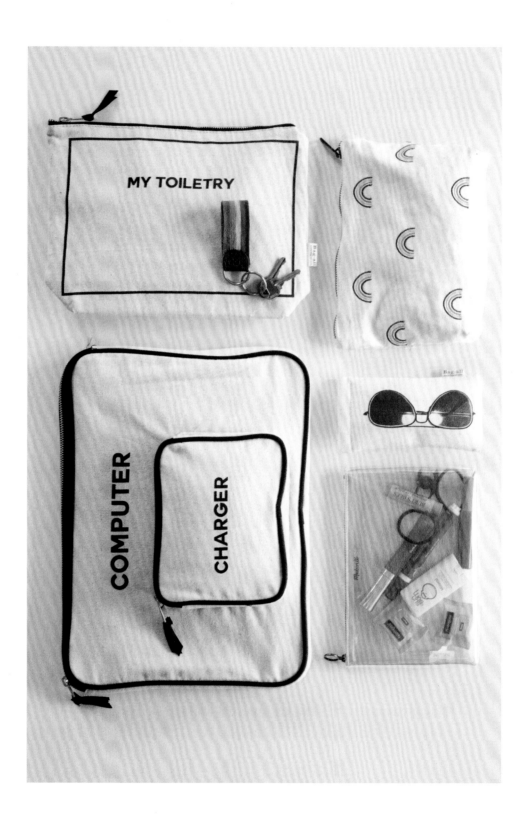

彩虹收纳法

杂物
收纳袋

不管是收拾手提包还是登机包，没有什么比包内收纳袋更好用的了。为了展示我们如何践行自己宣扬的理念，现在就把我俩手提包里的东西都拿出来，让你们看看我们的收纳方法。

- 配有充电器和苹果无线耳机的笔记本电脑包和iPad包
- 化妆包
- 太阳镜盒
- 随身药品
- 小包装零食

小包装零食可以说是目前每个手提包里不可或缺的部分。不带两条蛋白棒、一包杏仁和低卡玉米饼，似乎就没法出门（你试试就知道，这是最优选择）！

有时我们都忘了自己奇特的饮食习惯（老实说，我们的大部分习惯都很奇特）。当我们在墨西哥的一家餐馆拆一袋低卡玉米饼的时候……你能想象餐馆里每个人的表情吗？

汽车
后备厢

　　整理汽车后备厢，不过是买件可折叠行李箱的事儿（货柜商店就有各种规格可选，你也可以直接在网上购买），然后就在里面放入最常用的东西。一般后备厢会有以下物品。

- 纸巾
- 毛巾
- 备用鞋
- 雨伞
- 瓶装水
- 笔和笔记本
- 小孩的汽车玩具

　　整理后备厢时，别忘了给孩子和宠物准备些东西，还有不同活动需要的用品。想想自己的生活方式和生活的参与者，有助于厘清需要特别在车里准备的物品。

角逐后备厢一席之地的物品

☐ 毯子 ☐ 外套
☐ 换洗衣物（你的或孩子的） ☐ 运动鞋
☐ 遛狗绳 ☐ 零食（可不能有怪味）
☐ 备用手机充电器 ☐ 太阳镜
☐ 发梳 ☐ 防晒霜
☐ 帽子 ☐ 瑜伽垫

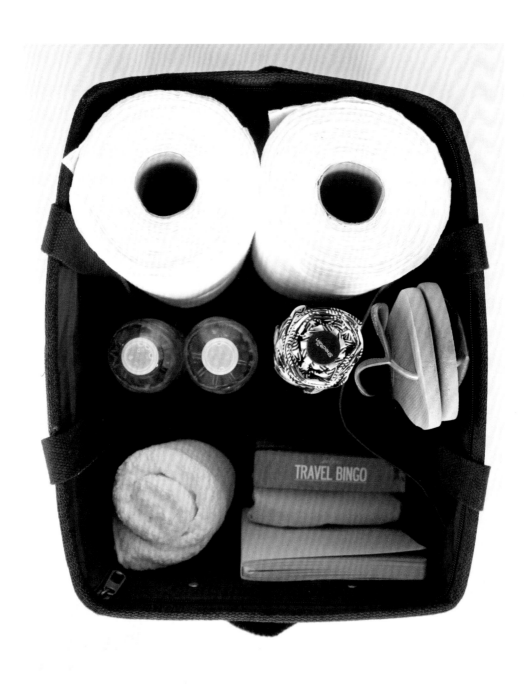

彩虹收纳法

时刻
准备度假

度假衣柜……还真不常见。我们也不打算把这个说成理所当然的事儿。不过，且听我们一句：如果你家有这个空间，你也正好有度假的东西，为什么不专门为你的度假装备打造一个专门区域呢？

第一步：一旦我们确定哪些东西在海滩度假时真正用得上（我们既不熟悉度假也不熟悉海滩），就把这些东西都放在一起。

第二步：为了既充分利用空间，又收好每件物品。我们会把手提包和帽子放在衣柜底部，下面垫上亚克力底座。底座上摆手提包，同时满足存储和展示两种需求。

乘坐
保姆车
旅行

住在纳什维尔的我们，整理过不少保姆车，这不足为奇。这些车都有自己独一无二的特征、风格和内饰。坐在车里，最有意思的莫过于四处敲敲打打或者拉开各个面板，看看哪里会弹出一个秘密隔间或是隐藏抽屉和隐藏门（当然，这里说的是一个心里只有收纳的人，而不是酷得没边儿的音乐家）。爬上床铺，用回力飞镖拉开窗帘，也是一件趣事。我们听说是这样的。

注意：不是非得家里有一辆保姆车才能使用下面的小诀窍，对于房车、游船或是任意一块小空间，都可以参考。

我们有机会在美国乡村音乐二人组佛罗里达乔治亚边境线的成员泰勒·哈伯德及其妻子海莉真正开始使用之前整理他们的保姆车。我们总是迫不及待地抓住机会从头开始整理，不过这也意味着要提一大堆问题。如果整理的空间已经被居住者使用，我们可以了解到他们的习惯和偏好。假如没有任何整理的线索，我们可就要尽职尽责地询问客户了。

第一步：任何事都有第一次。我们是第一次把一辆保姆车拖到商店停车场，方便我俩两头跑。我们经手的大部分项目都不能移动，所以这次机会可不能错过。

第二步：保姆车（以及像房车等其他类型的"移动的家"）内部在设计上不会浪费任何一寸空间（所以才会有这么多隐藏隔间），因此我们要保证每个柜子的存储都有合理规划。我们带了很厚一沓便利贴，给每块空间做好标识，在整理之前做好规划。

第三步：我们从车后部的卫生间开始整理。我们自然希望让所有的内部空

间和车内陈设一样亮眼。抽屉空间有限，所以卫生间主体柜要收纳大部分洗漱必需品。在装完毛巾和厕纸之后，我们又添了几个置物篮放置所有的药品和洗漱备用品。

第四步： 每个卫生间都会有日用品抽屉，更不用说一个移动卫生间。将物品放倒，使其稳固地放在抽屉里较为实用，因为在汽车行驶时它们可能会翻倒。

这听起来可能有点奇怪，不过保姆车上的抽屉和架子都铺有毡毯，防止里面的东西在汽车行驶过程中掉落。

第五步： 厨房抽屉也一样，最重要的是建一个茶水站存放夫妻俩最爱的饮品。人在旅途很辛苦，能够稍稍享受一下家的舒适，多少是种安慰。

彩虹收纳法

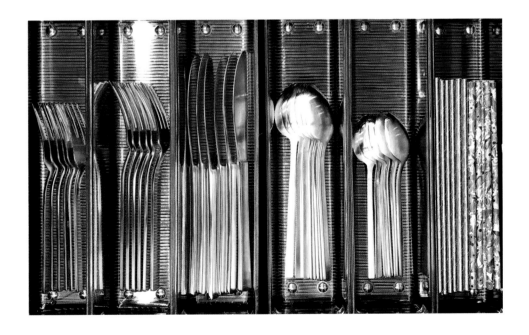

彩虹收纳法

至于托马斯·瑞德的保姆车，我们想要打造一组适合家庭生活的抽屉给他的妻子劳伦和女儿们。女儿们的抽屉里有鸭嘴杯、零食和牙胶，劳伦则不用再和托马斯（《收纳的基本》一书里有他的收藏品）共用一个抽屉了。我们最喜欢的一组抽屉，里面装的是托马斯的咽喉保养品——蜂蜜、茶和止咳药等。

现在，估计你已经知道歌手需要喝很多热饮这件事了，凯尔西·巴莱里尼也不例外。市面上能见到的各种茶饮和咖啡，她的可填充隔断里都有。冷饮嘛（当然也很重要，因为……有香槟），就收进小冰柜。

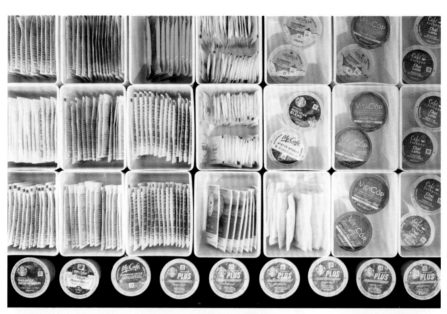

彩虹收纳法

保姆车里没有大的食品柜，不过我们还是可以把必备零食放进橱柜，一抽屉的零食和口香糖，随手拿一两袋就能出发！

拿了就走

早上走出家门，其难度有时不亚于攀登珠峰。再加上要带小孩，那场面就更接近跌落悬崖的混乱。在家里打造一个"拿了就走"的晨间饮品站，至少能让你在忙碌的日常生活中获得几分钟的休息。

第一步：把咖啡、茶和热可可分别收进各自的抽屉。

第二步：我们把最常用的随行杯从厨房橱柜搬到这里，放进各自的区域。

第三步：把糖包放在顶部的抽屉，一切井然有序，打造完成。

你可以持有物品，当……

它服务于你的工作

们对那些因为工作囤积许多东西的人，总是满怀同情。美妆博主家里会有上百支口红，篮球运动员家里有上千双球鞋，这都在意料之中。在我们看来，这不是囤积癖，而是一个亟待解决的空间问题。好在我们的专业让我们多少知晓一些解决之道。

其实我们自己也不例外！身为收纳师，我们有太多工作时穿的打底裤；身为职业妇女，又要备好各种活动需要的服装和鞋子；由于经常出差，又有许多行李箱和行李袋——更不用说一袋子的记号笔、标识用品、手机充电器和备用电池。这里要重申我俩的核心理念：井然有序的生活不一定是极简生活，也并不意味着你拥有的东西会变少，但这确实需要以合适的方式和态度对待你的物品和空间。

如果你嫁给一位摄影师，他那些大型装备几乎占据玄关柜的所有空间。即便每件物品都是他工作必需的，也让人头疼不已，你希望他能像其他人一样用手机拍照。不过，别在意，至少这些都能归置妥当。

让工作"一路绿灯"的空间指南

1. 你每周都会用到它。你不仅要拥有它,还要"伸手"就能拿得到。如果这件物品对你来说是随取随用,那么它就可以留下来,把它收进抽屉或是放到架子上都可以。

2. 对于某件东西,你可能不是每周都要用,但是你会用到类似的东西;如果有更多选择,那会让工作更顺利。毕竟,多样性是生活的调料嘛。

3. 你使用某件物品的频率很高,以至于需要大量囤货。我们从不怕囤货,你也用不着担心。

4. 你有多份工作,需要多种物品。你应该拍拍自己的肩膀,鼓励自己这个城里最辛苦的打工人,然后为不同种类的工作必需品腾出空间。

5. 你在家创业。我们也有过这种经历——确实不容易,但也并非没法整理空间。专门为工作和存储物品留出一个地方,并且注意别让这些东西溜进你的居住空间。

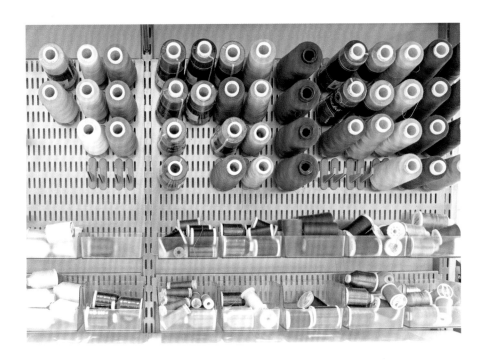

时尚
设计师

　　几乎任何职业都用得着洞洞板，不得不承认，各色线轴摆在上面，尤其好看。再配上支架、置物盒和挂钩，就变成了一个可按需增减物品的模块化收纳系统。

彩虹收纳法

工作日的护士、
周末的烘焙师

左图的衣橱是我们最喜欢的一位客户家的。和许多人一样，她身兼两职，需要妥善归置所有物品。而且她刚恢复单身，所以我们可不会放过这个为衣橱特别设置一个用于约会区域的好机会。早就说啦，我们热爱分区！

第一步：我们的目标是在衣橱里设置一条从工作日到周末的动线。挂起来的衣服依次是上班时穿的便装和护士服、周五/周六晚的"性感区"、周日做礼拜的衣服。

第二步：客户的第二职业是业余烘焙师，所以我们想专门打造一个放烘焙服的区域。

第三步：过去这个衣橱是客户和前夫共用的，现在我们想让她最喜欢的颜色（绯红和金色）的衣服、手提包和饰品成为这里的主角。

真人真事

我们竟然找到了绯红色的带盖置物盒和金色标签夹，我俩在商店激动得尖叫。

行政经理

右边是我们行政经理的办公室一角。他一整天都要应付我俩的琐事，而且每天如此，你能想象这种生活吗？一定很心累。就冲这个原因，我们认为他们的每件东西都要展示在这里，并且为了整理此处用尽浑身解数。

第一步：为了收纳大量办公用品，我们从货柜商店搬来一组爱儿坊墙面置物组合架装在这儿。关键是要有足够的抽屉空间收纳所有种类的物品，还要有一个台面放置打印机等必要物品。

第二步：为了发挥墙面置物组合架的功能，我们得充分利用现有的墙面空间。加个洞洞板，就能存放曲别针、胶带、邮票等小物件，把剪刀和胶带分割器挂在挂钩上。

第三步：顶端架子上那一摞摞打印纸，是打印乔安娜收到的邮件所需纸量的直观反映。我们必须大量囤货，因为说不定什么时候就会收到长达 12 页的邮件！

鞋履
设计师

我们在美国洛杉矶的团队组装了这种置物
架。还好不用我们来做,我们真的不擅长
组装东西!

彩虹收纳法

　　刚把美国运动休闲品牌APL公司办公室的这张照片放在我们的"照片墙"
上，就有很多人以为这是某人的衣橱。令人难以置信的是，下面的评论如出一
辙："这么多鞋子他们穿得过来吗？"问得好！它可是一家制鞋公司，这些都是
样品。所以，他们就是要穿这么多鞋子，还得妥善存放。

学校老师

　　教学无疑是这世上最难的工作之一。每天八小时照看一教室的孩子已经够难的了，还得让这八小时变得有趣、有意义，这得做多少准备和计划。最起码，所有教师都应当获得一大摞奖章，毕竟他们付出了那么多。而我俩能做的就是帮他们收纳，也只有这些了。

　　我们总是说分区，没有哪里比教室更需要分区了！图中所示是孟菲斯的一间教室，我们打造了手工、阅读和学习活动等区域，让学生们将东西自动归位。把需要老师格外留意的教学用具（比如彩色纸）放进橱柜，老师在执行具体教学任务的时候才把它们拿出来。

　　　　　　　　　　　　　　　　　　　　　　　　　彩虹收纳法

派对
策划师

竟有比把一天时间花在整理派对用品上更糟糕的事——小小姐派对工作室真没让我们失望！她们的办公室实际上是一间公寓，也就是说这里的橱柜是为挂衣服而不是为一包包气球设计的；不过有了我们，情况就不一样了。

第一步：衣橱里原本就有置物架，所以我们打算物尽其用，并尽量利用垂直空间。如果仅仅把东西堆在架子上，对人、对物品都不好；特别是对于那些纸制品，你能想象它们有多脆弱。

第二步：没有什么比完美契合更让人满足的事儿了，这套抽屉和亚克力支架恰好把架子填得满满当当，一点空间都没浪费。于是我们把所有琐碎的东西安排到各自的区域，派对开始之前的打包准备工作也变得更容易。在挂衣杆上，我们挂上用于挂包的钩子，然后把一包包灯笼和铝膜气球挂了上去。

第三步：为派对工作室做收纳，最后不来场小派对有点说不过去。我们好好利用了一回那些派对纸杯，开瓶香槟好好庆祝了一番。

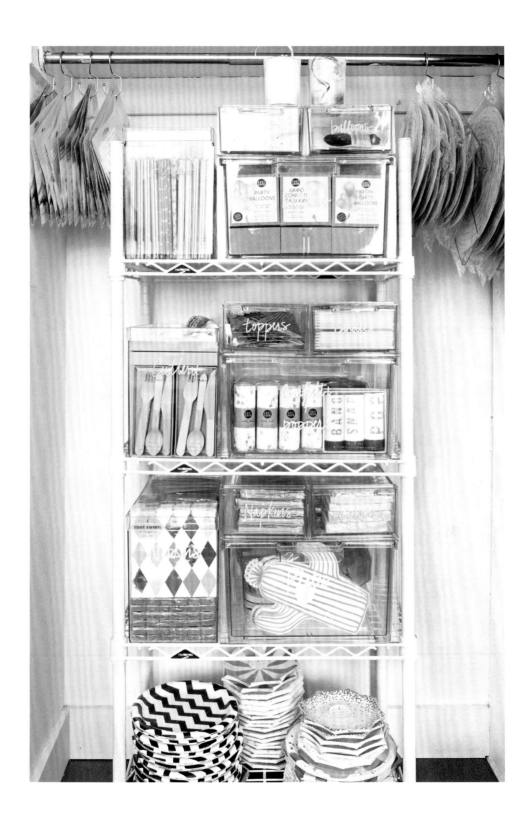

彩虹收纳法

设计师
兼店主

我们的好朋友——某个品牌的创始人利娅在家里办公。尽管墙面和桌面都收拾得无懈可击，家里却堆满各种存货。当然，只要是开网店，就免不了有存货。你只能在孩子被成堆 T 恤衫 "吞噬" 之前，找到更好的收纳方式。

第一步：利娅的货品主要分为 T 恤衫、文身贴、手提袋、彩色包装纸这几类。

第二步：我们把所有包装材料都放到架子顶层，这样可以让打包变得更容易。

第三步：所有的包装礼品盒（还有哈利·波特眼镜）都是创意集市和摆摊时用的道具，所以我们把它们收到一个置物篮里。

一卷卷的彩色包装纸可不是容易收纳的东西……我们最终采用杂志盒与废纸篓的组合。总会有办法的，只不过有时需要跳出传统思维框架。

Youtube
工作室

　　因为这是我们第一次整理 Youtube 工作室，所以我们打算给薛·米契尔耳目一新的感觉。你可能以为这挺简单，但这里有许多我们从未见过的设备。在整理过程中，我们不断给克莉的丈夫发照片，让他帮我们分辨哪些是数据传输线，哪些是充电线。之后还有那么多美妆美发产品呢！为了这个项目，我们可没少打电话骚扰朋友！

　　　　　　　　　　　　　　　　　　　　　　　　　　　彩虹收纳法

第一步：工作室分为三个区域——美妆和造型产品区、数码和健身设备区、相机和灯光设备区。

第二步：我们总算分清了充电线和数据传输线……这么说吧，我们对自己的这一收获感到非常满意，好像破解了什么了不得的网络密码。我们胸有成竹地把它们分别放进不同的置物盒，之后应该不会再有人把这些线混在一起了。

第三步：最常用的美妆产品，比如唇釉和发型喷雾，被我们收在化妆品托盘和旋转托盘里，将备用品和大个头的物品收进下层抽屉。

零售
办公室

克里斯汀·卡瓦拉里来到纳什维尔，我们可高兴了。更令人兴奋的是，她在市中心开了一家精品店。但能整理她的办公室，才是最令人激动的事情。

第一步：克里斯汀喜欢各种色彩的组合，这是我们的拿手好戏。绯红、白色和金色的组合，怎么样？我们囤积了一堆粉色纸品，还搜罗了粉色记号笔来制作提醒顾客的标签（我们最喜欢的就是打印机旁那个"别落东西"的托盘）。

第二步：没有零食的办公室是不完整的。我们想让零食也融入这间办公室，于是它们的颜色与周围环境也要相得益彰。我们亲手堆起一块块小零食，以此致敬克洛伊·卡戴珊。

第三步：办公室不时会举行庆祝活动，因此少不了一个派对抽屉（是的，我们也为它贴了标签），现在这些气球、蜡烛和吸管都好好地待在抽屉里等着庆祝时刻的到来。

彩虹收纳法

篮球运动员

　　我们特别乐意整理德怀恩·韦德的球鞋。在他的房子里有很多事情要做，但经过他的球鞋存放室的时候……我们忍不住把每只鞋子拿出来，然后从头开始整理。不这么做，等于犯下反人类的罪行。因为德怀恩每天都要挑选这些鞋子（他一天要进来好几次，挑选训练鞋或比赛鞋），他还是这些球鞋品牌的代言人，所以收纳时要考虑到不同色彩与设计的展示。关键是整齐收纳球鞋，可以让主人方便取用。

　　第一步：整理这么多球鞋，归根结底是个数学等式问题：横向摆多少鞋，竖向摆多少双。我们认真数了数球鞋的数量，然后为摆放这些球鞋设计了一张图，我们可不想把这个工作变成拼魔方的难题。

　　第二步：除了已经摆出来的，还有好多未拆封的鞋子，也要融入这个收纳空间，我们也把这些鞋子计算在内。

　　第三步：因为会不断收到新球鞋，所以我们还要在后墙为新鞋留出空间。记住这一点：留出空间，是我们收纳的核心。一旦物品超过空间容量的80%，你就有可能失去对空间的控制。

整理球鞋可真是一项不错的运动。每双鞋拿
在手里都有 2.5 千克的杠铃那么重，拿着它
不断上下梯子，相当于一天走路 13 千米。

美妆博主

通常情况下，如果客户有超过 100 支唇线笔，我们会建议丢掉一些。他们不可能每一支都用，不是吗？但如果客户是美妆博主，那就另当别论。某彩妆品牌的代言人卡伦·冈萨雷斯不仅有许多化妆品，还以此为基石构建了她的事业。所以，我们的最终目标是打造一块体现她对美妆品的热爱和简化日常工作流程的空间。

第一步：我们把工作室分成化妆品区和美发美容区。

第二步：化妆品系列需要精细分类，所以我们设计了一个置物组合，分类存放所有的面部、两颊、唇部和眼部使用的产品。

第三步：我们还为护肤、护发和首饰安排了不同的层架。旋转托盘最适合存放喷雾和精华，这样不仅能让瓶子直立不倒，还易于取用。

第四步：衣柜的挂衣杆能存放所有配合造型拍摄用的衣物和长裙。有了统一的金属衣架，能充分利用空间，并保护易损织物。

彩虹收纳法

你可以持有物品，当……

你有了孩子

如果你有孩子、打算要孩子，或者曾经和孩子相处过，那么你可能已经意识到——小孩意味着杂物特别多。当然，我们不想你因为家里有玩具和手工制品而感到愧疚，不过遵循我们建议的方法还是很有必要的，这样你才不会把家里变成玩具商店。

在《收纳的基本》一书里，我们分享了一些清理自家杂物的方法，比如一旦孩子离家去学校，就拿着垃圾袋把家里过滤一遍，丢在地上的任何东西，只要不是固定不动的，就都捐出去。只是出版《收纳的基本》一书的时候我们忽略了一点——我们的孩子也会读到这段文字。他们可不觉得这样做有意思，当然这是客气的说法。不过，这也是个好机会，让他们明白：当他们把玩具、衣服、游戏用具、拼图和毛绒玩具丢在地上的时候，就是在告诉别人，他们不在意这些东西。既然如此，为什么要保留那些不在意的东西呢？总之，我们是非常搞笑的妈妈。但这也说明，这些玩具和游戏用具收纳得当，完全可以留下它们，毕竟没人想让自己的客厅变成满地拼图碎片。

孩子杂物处理小贴士

1. 如果坏掉了，就丢进垃圾桶。别犹豫。你不会修理它们，也捐不出去，你闺密的女儿也不会想要一个坏掉的玩具。

2. 如果缺零件，就丢进垃圾桶。

3. 如果孩子长大了用不着，可以留给下一个孩子用，或留给朋友家年龄差不多的孩子用。

4. 如果你不喜欢但孩子们喜欢，他们会选择留下来……是的，这是你的家，但也是他们度过童年的地方。一旦他们对玩具失去兴趣，那就好办——赶紧把它放进袋子捐出去！

5. 如果具有特殊意义而没法舍弃，那就留下——绝对不能丢弃那些对自己有特殊意义的东西。绝不！不过，关键要以一种体现它们的重要性的方式收好。无论是孩子们盖的第一条毛毯，还是他们小时候最喜欢的玩具，抑或是他们在毕业典礼上戴的学士帽和穿的学士服，都可以装进置物盒，然后贴上标签。不然，你就是让最有感情的东西蒙尘，最终它们会不知去向。

　　只要涉及孩子，人们就有一堆理由去囤积更多东西。每家的环境、空间、偏好和孩子个数都不同，我们的目标就是为孩子的物品设计收纳方案，让大家都能无负担、无愧疚地生活。

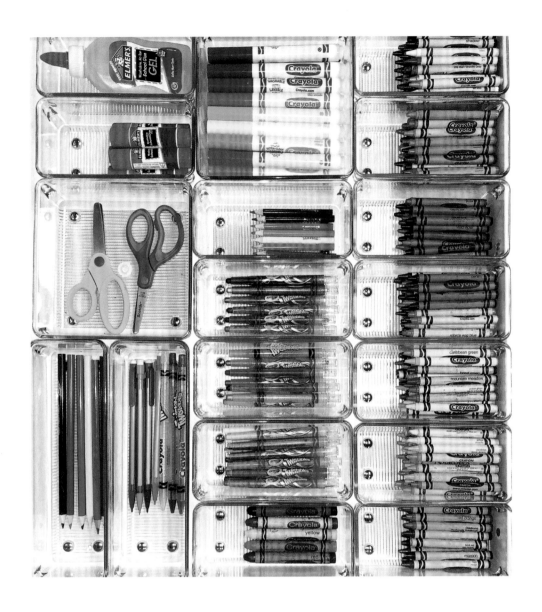

彩虹
双胞胎

　　可能有人没听过"彩虹宝贝"或"彩虹双胞胎"这类名词，它们说的是因流产、早夭或其他令人难过的事件而失去孩子之后又出生的孩子（们）。所以，我们对这个收纳任务的认真态度可想而知。这个任务有两个主要目标：一是建立收纳系统，以容纳双胞胎宝宝需要的海量用品；二是让照顾双胞胎宝宝变得有趣又开心。这间房子原本是为已经不在的那个宝宝准备的，所以家长很难亲自打理。

　　　　　　　　　　　　　　　　　　　　　　　　　　　　　　彩虹收纳法

　　　　　　　　　　　　　　　　　　　彩虹收纳法

第一步：我们要增加存储空间以存放所有物品，尤其是尿不湿。刚出生的双胞胎，在头一个月里大约需要 600 片尿不湿。当有两个孩子等着换尿湿的时候，就需要先把东西准备好，毕竟每个人只有两只手（是不是只要想到这场景就让人觉得不堪重负）。所以我们在门后添加了一个置物架，方便拿取备用尿不湿、湿巾和乳液。

第二步：尿布台的顶层抽屉最适合存放尿不湿。

第三步：将宝宝的所有衣服按照年龄分类，接着……当然是把它们排成两道彩虹的形状。错过这个好机会，那就是我们收纳师的失职！此举还带来另一好处：把以后要穿的大号衣服放进贴有标签的置物篮里，然后收在顶层架子上。

第四步：添置两组抽屉式拉篮，用来存放所有可折叠物品、饰品和发箍。

第五步：我们要特别介绍第 143 页的手工书柜，那是双胞胎爸爸为孩子们亲手打造的。小书柜摆在屋子里，书和玩具又能组成一道彩虹图案。

换尿布

即使家里没有双胞胎，但只要有婴儿就少不了尿不湿。新手爸妈往往会不知所措（只要当爸妈，都不知所措），大半夜起来换尿不湿只会让焦虑有增无减。所以，在设计尿布台的时候，我们会回忆起自己刚有孩子时的日子：半夜三点，一手抱着孩子，一手伸进抽屉，睁一只眼闭一只眼，黑灯瞎火地完成任务。那会儿我们最需要什么？

第一步：按照尺寸分门别类收纳所有尿不湿，抽屉里装的是宝宝目前用得着的尿不湿。

第二步：接着加入湿巾和备用装。对新生儿来说，湿巾总是不够用，所以在抽屉的角落里填满湿巾就对了。

第三步：剩下的空间放置在紧要关头用得上的东西——湿疹膏、防胀气按摩膏和包被。

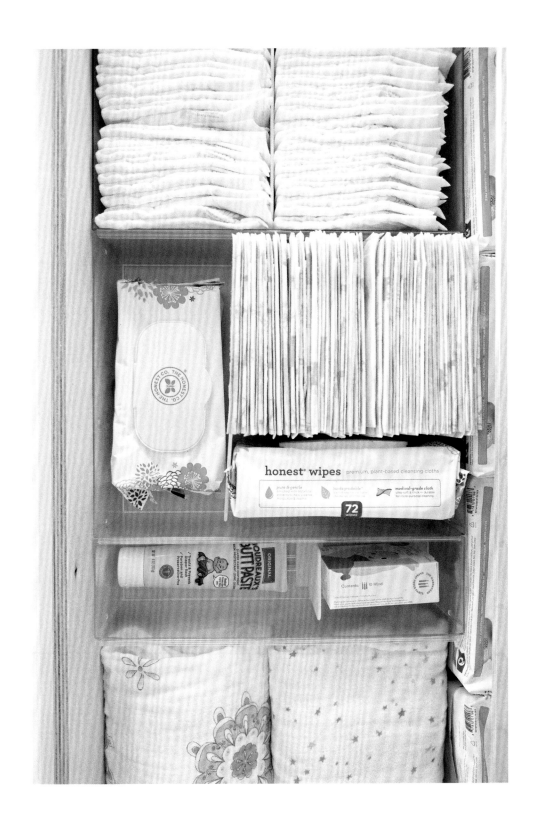

新生儿
喂养

当然，劳伦·康拉德会自己给宝宝做吃的。如果她没跟我们解释那些设备是做婴儿辅食的设备，我们真的以为它们是做卡布奇诺的咖啡机和咖啡壶。对于制备过程，我们知之甚少，不过我俩很乐意把这些都收进厨房的橱柜！

第一步： 把婴儿辅食设备（不是做咖啡用的哦）移到底层，方便使用。

第二步： 把配套的设备用具、安抚奶嘴和奶瓶配件等小物件收到一旁的可堆叠抽屉里。

第三步： 奶瓶清洁剂和尿不湿的数量相当，所以我们把备用清洁剂放到顶层，和沐浴露、洗手液放在一起。

怀了
女孩儿

我们想在敏迪·卡灵的婴儿房里实现一些目标。首先是拆包并收纳所有新买的东西，但我们真正想要创造的是一个适合小女孩儿的新奇、明艳的空间。敏迪对色彩和造型的敏锐度广为人知，她家的每个房间都很特别，让人目不暇接，那么这间婴儿房也要配得上整个环境。

第一步：第一次怀孕而且怀的是女孩就意味着拥有一堆粉色物品。所以我们的第一项任务是把所有粉色物件分类，在橱柜里给它们找到最显眼的位置。

第二步：把宝宝的连体衣、袜子和口水巾叠好放进抽屉里，把连衣裙和外套用衣架挂起来（谁不喜欢欣赏一件小小的人造皮草呢）。

第三步：我们按照颜色的深浅把鞋子小心排列在置物架上（没有什么比买宝宝的鞋子更有意思的了），把被子和床单折叠放好，然后放置饰品和图书。

第四步：新生命会带来新的回忆，于是我们添置了情感存储盒（一股蓝色清流），让敏迪存放那些承载特殊回忆的物品。

喜欢
"艺术"的
孩子

如果你的孩子喜欢"凌乱艺术",那你家一定有颜料和史莱姆手工泥。不过,"凌乱艺术"并不一定会让家里变得凌乱。你可以设计一个专门的地方,把混乱限制在某个范围内,这样它就不会影响家里其他地方。有些好说话的家长会把这块艺术天地放在游戏室或其他地方,就我俩来说,我们的词典里没有"好说话"这个词,所以会把这个地方限制在车库里(我们觉得这样已经算大方了)。

第一步: 把所有杂乱的艺术用品分门别类地放进各自的置物盒——它们互不相容,所以不能共享置物盒。

第二步: 把防尘布、培乐多工具、画刷等配件分别收纳在主角旁边。

第三步: 检查、检查、再检查,不管孩子是否被允许接触这些东西,我们都要把所有东西放在他们可触及的范围内(这需要非常大的勇气),把最重的东西摆在底层。

做手工的
孩子

做手工是"凌乱艺术"的"近亲"，所以两种活动有时会重叠。保持警惕，牢牢守住艺术天地的范围，把手工铁丝、小绒球与亮片、胶水分类，也就没那么可怕了。还有，规定家里不准出现亮片也是合理的……木已成舟。孩子们，不好意思，我们对此心安理得。

第一步： 手工用品可以分成两组——"适合放在储物罐里的"和"适合放在抽屉里的"。这没有标准答案，但是如果你有不同的收纳方案，最好充分利用现有物品。一般来说，储物罐用来放大一些的东西，而把小物件放在抽屉里。

第二步：把小工具和小物件收在一起。比如，胶带、夹子和胶棒等所有用来粘贴和固定的东西，都可以放在一起。

彩虹收纳法

孩子有可怕的食物过敏症状

孩子对食物过敏是家长最头疼的事。每种食物的营养标签看起来都像有毒标记而不是成分列表。如果你的几个孩子都有不同饮食限制，那么就更需要囤积一些食物。整理这个食品柜和冰箱，可以说是我们最有压力的项目之一……并非每天的收纳都关乎生死，但此类项目确实如此。

第一步：把食品柜里所有的过敏原（例如含有坚果或乳制品的食物）都收好，单独放在厨房某个区域。

第二步：把安全的零食收到置物盒里，方便家里每个人拿取；而把那些要贴上"有毒"标签的食物放在顶层置物盒里。我们甚至在盒子上标注"危险区"以免混淆（尤其在我们没有留意的时候）。

第三步：冰箱比食品柜更可怕。里面的东西和新的过敏原（例如牛肉和猪肉）随手可得，所以在这里显然也要设置一个危险区。我们把内部空间一分为二，用储物盒收纳每种食物（即便在抽屉里），避免食物的滴渗。

第四步：每个抽屉都标注好孩子的名字，以免发生交叉污染（在这里标签显得格外重要）。

9 个孩子

是否还记得我们之前说过，面对"谁会需要这么多瓶清洁剂"这样的评论，我们通常会站在客户这边。这里就有一个绝佳的例子，证明真的有家庭需要那么多。实际上，对每种物品他们都需要很多件，因为家里有9个孩子！而且没有双胞胎，没有再婚孩子，没有同母异父或同父异母的情况。我们亲眼见到他们家里的每个孩子，却依然难以置信。所以，他们要保留维持正常家庭生活的物品真的不容易。

第一步：在9个孩子中有6个还在上学，所以他们需要在工作日快速收拾好出门。洗衣房就变成了早晨的洗漱中心，于是我们在这里专门设置一个地方让他们刷牙、吃维生素、带上午餐盒出门。

第二步： 洗衣房剩下的空间用来存放每日所需的洗衣用品，数量是真的大。其中几个孩子还有皮肤过敏的症状，所以我们要用不同的储物罐存放特殊的清洁剂。

第三步： 那么多清洁剂总要有地方放，于是我们在墙上添置组合架，这看上去像备用储存架，但是这家人每天有多少双手、多少个碗盘需要清洁啊！

彩虹收纳法

学龄儿童

如果说新生儿意味着不停换尿布，那么小学的孩子就意味着数不清的纸张。每天回到家，满书包都是艺术课作品、拼写测试卷、涂鸦作品，还有一些他们开始创作但已经放弃却不知为何要留下来的特殊作品。是的，其中一些确实值得保留，但不是全部。这里你要试着用最客观理智的态度决定留下哪些、丢掉哪些（很怕我俩的孩子读到这部分）。

第一步：把这些孩子的东西分别放进学校作业、艺术作业、艺术创作和回忆四个不同的置物盒里。关键是置物盒要刚好能放下这些零散纸张，所以放纸张的置物盒是一种尺寸，放大型作业或充满回忆的东西的置物盒是另一种尺寸。

第二步：上色这种活动不仅限于学校活动！把所有的蜡笔、马克笔和彩铅都放进彩色的盒子里，营造彩虹式效果。

第三步：把学校用的文具和笔记本放在桌面上，方便取用，把便利贴和填色书等不常用的东西收进抽屉里。

坚持
运动的
孩子

　　这个主题我们真的不熟悉，因为我们两家都没什么运动细胞……但是我们通过这个项目多少积累了一些经验，希望对你家的收纳有帮助。我们学到的重要一点是，让孩子参与不同运动，参加不同运动队、运动联盟和锦标赛需要巨大投入，不仅仅是精力和时间的投入（不过还是要向所有全身心投入的父母致敬），还需要把家里相当一部分空间腾出来放置所有必需的装备。说实话，教练们应该给每个参加运动的孩子家里发一份免责声明，说明每种运动需要家里贡献多少空间。

　　第一步：把所有的运动装备都分类收进各自区域（把光剑也划为一类，这让我俩乐了半天）。

　　第二步：棒球是最重要的运动，所以球棒、球和手套占据最大的收纳空间（通常用来收纳拖把和扫帚的拖把夹卡座正好可以用来放球棒）。

　　第三步：把其他装备和户外用品放进附近的抽屉里。

　　　　　　　　　　　　　　彩虹收纳法

如果你选择在室内而不是在车库里存放运动器材，可以考虑安装一个组合分类架。把所有占地方的东西都藏在篮子里，从高尔夫球到护具都可以放架子上。如果每个队的球衣或球鞋都不一样，记得做好标注。

彩虹收纳法

你有了宠物

宠物也是我们的"孩子"，不是吗？我们像爱自己的孩子一样爱它们，把它们当作家庭成员。它们每天也要用到一堆东西。我们应当为它们提供这些必需品。毕竟，它们无条件地爱我们，从来不会直截了当向我们索取什么，也不会把毫无艺术感的东西带回家。它们从不回嘴！我们都应该养一屋子的猫和一农场的狗——它们是默默无闻的家庭英雄。

几只猫

猫是最合我俩心意的动物……只有在被取悦的时候才跟人互动，喜欢舔毛和观察人类，当家人离开几天时也没事。养猫还有一个好处：它们占据的空间比狗小（就连脚印都小得多），所以收纳猫咪用品要更省事。

第一步：说实话，这家的猫不喜欢乔安娜（在整理主人衣柜的时候，乔安娜和猫发生了小摩擦，一直没和好）。我们接受反对意见，所以首要任务就是把她俩分开，让她们待在各自的角落里。

第二步：这些猫咪的小东西多可爱！我俩花了些时间把它们分成梳洗用品、玩具和食盆三类。

第三步：把猫砂放在柜子里，把猫粮等收进下面的抽屉里，这样给它们准备吃的就省事多了。

毛毛家族

　　对喜欢猫的人来说，养一只是不够的。不过，这也意味着宠物用品的数量会成倍增加。最好在家里变乱之前就制订收纳计划，不然家里会变成猫舍。我们设计了一个区域专门用来放猫窝、尿垫和梳洗用品。把玩具和衣服（真的有不少猫的衣服）等小物件收进可堆叠及可旋转的置物盒里，然后放在顶层架子上。

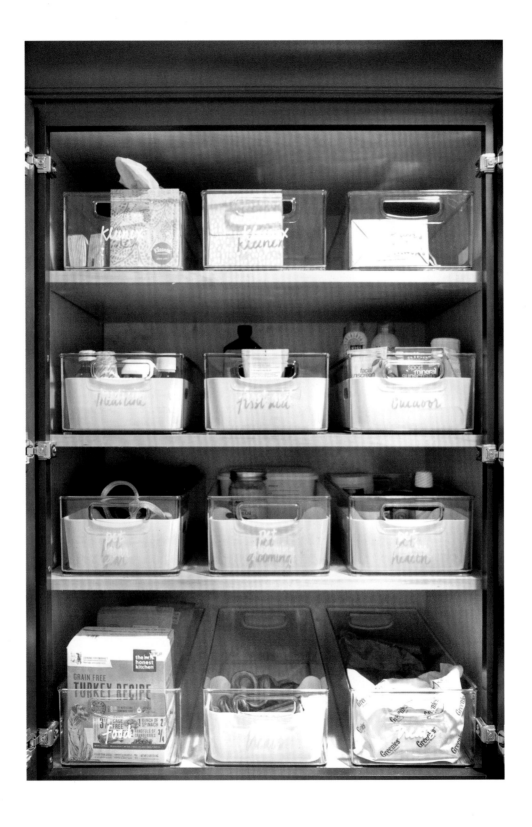

彩虹收纳法

狗狗是
人类
最好的朋友

　　狗狗可是毫无保留地爱着你们呀，这不需要我们再提醒了吧？谁还能这样对你呢？你妈妈？确实……她可能会这样。但在"照片墙"上看到你去伦敦旅行，细数你喝了多少杯酒的，也是她啊！我们当然非常爱自己的妈妈。可狗狗就不会给你打电话，也不会数数，所以我们在自己的书里总会为它们美言几句。

第一步：很多人会把宠物用品堆在洗衣房。实际上，洗衣房已经变成了"家居"杂物间——日常用品、清洁用品再加上狗粮，最终都被塞进来。所以，此类收纳任务的第一步就是把里面的物品分类放进不同置物盒，然后按照日常使用的优先顺序摆到不同的层架上。显然，在这里，狗狗的用品占据最重要的地位。好在这组置物架有门，狗狗也没有大拇指来打开柜门，所以不用担心会发生零食失窃案。

第二步：在宠物专属区域，我们给置物盒重新排序，把最常用的狗粮和零食放在易取用的地方。狗狗的衣服，虽说可爱却不常用，所以把它们放到上层。

如果你像劳拉·邓恩一样养了体形较大的狗狗，我们会选择更结实的置物盒来收纳"大块头"的用品。不管是狗绳还是洁齿骨，都比一般小狗的物品大得多，所以我们要确保还有足够空间放其他东西。收纳分类和宠物专属区的分类相似（湿粮、干粮、梳洗用品、遛狗用品和零食），不过一件狗狗衣服也没见着。我们打算送它一套，让它在今年万圣节也风光一回！

　　　　　　　　　　　　　　　　　　　　　　　　　　彩虹收纳法

上图这个洗衣房里原本就设计了一个内置的狗笼，所以我们打算让台面和房间的其他角落一样保持整洁。把狗粮和零食收进角落的储物罐里，在台面正中放一组香薰，以驱散屋内狗狗的气味。

如果不是
一般的狗狗

我们与很多名人合作过，但还没有像巴哥犬"道格"（美国网红狗）这么举足轻重的呢。体验巴哥犬的生活这个机会，可不是随便就有的。"道格"是个慷慨、温柔且摸起来软乎乎的小可爱，也是我们目前合作过的最不挑剔的客户，它连一声也没叫过。

开始这项收纳任务的时候，我们先查看了它那堆积如山的服装（顺便透露一下，"道格"的衣服尺码和3岁儿童的差不多），然后意识到需要为此设计一个衣橱来收纳所有物品。货柜商店帮了大忙，为我们特别定制了一整面墙大小的组合置物架。

第一步：我们不停地分类，分了再分。最关键的是要按主题分类，因为"道格"的主人需要轻松地找到比萨装（在食品抽屉里）、南瓜装（在万圣节抽屉里）或是夏威夷花环装（在夏威夷宴会抽屉里）。

第二步：把"道格"专属或为其定制的衣服（是，的确有这样的东西存在，不然"道格"出席皇室婚礼的时候穿什么呢）挂在衣架上，以免出现折痕。

第三步：除了有"网红"的身份，"道格"还是商业大亨，所以我们显然要让它的衣橱具备展示功能。

第四步：关于我们对展示墙面的热爱，大家都不陌生，我们也爱"道格"的衣橱。把它的小靴子、软底鞋和球鞋整齐地摆放在架子上，而把各类太阳镜（没想到巴哥犬有这么多）按照彩虹色一字排开。

第五步：把手帕、领结等可折叠的饰品整齐地放在正下方的抽屉里。

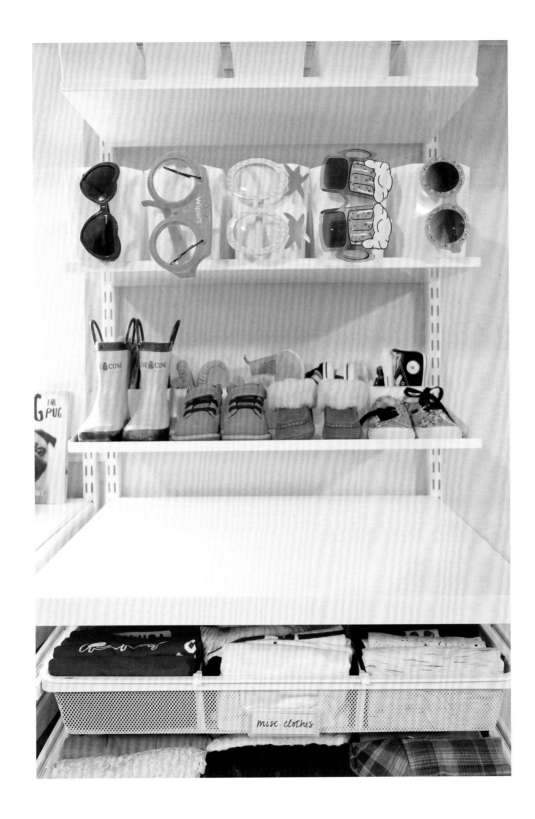

彩虹收纳法

一只……
松鼠

你的猜测估计和我们差不多……我们仅仅按照要求收纳——给一位特别的、毛茸茸的朋友设计收纳系统，仅此而已。

第一步： 在仔细考虑松鼠的生活习性之后，我们认为区域并不重要……因为那可是只松鼠啊。

第二步： 把混合坚果和带壳坚果分别放进贴有标签的储物罐里，把存货放在上方的篮子里。

你可以持有物品，当……

你喜欢庆祝欢祝

有些人喜欢为别人举行庆祝活动，有些人喜欢别人为自己准备庆祝活动——就像有些人喜欢送别人礼物，有些人喜欢收礼物一样。对于喜欢庆祝活动的人，注意啦，我们会非常愿意帮你整理餐碟、刀叉和包装纸。

喜欢
送人
礼物

    谢天谢地，世界上真有喜欢送礼物的人。知道他们在选择合适的主人礼物或派对礼物的时候是发自内心地开心，我们这些收礼物的人也就心安了。我们绝对不剥夺他们的这种快乐，所以无论何时收到他们送的绑着蝴蝶结的礼品盒，我们都会激动地尖叫！

第一步：将所有礼物从架子上移除，然后按照场合分类——庆祝乔迁的、假日休闲的、给孩子的以及备用的。

第二步：这里的大部分物品都是居家常用的或女主人使用的，因此把它们摆在低层；而孩子的用品则被移到上层，不让他们轻易看到或拿到。

第三步：橱柜门后本身就适合于放置一卷卷包装纸，所以我们必定让它不辱使命。接着，我们把包装纸卷按照彩虹色排列，这是我俩最擅长的任务。

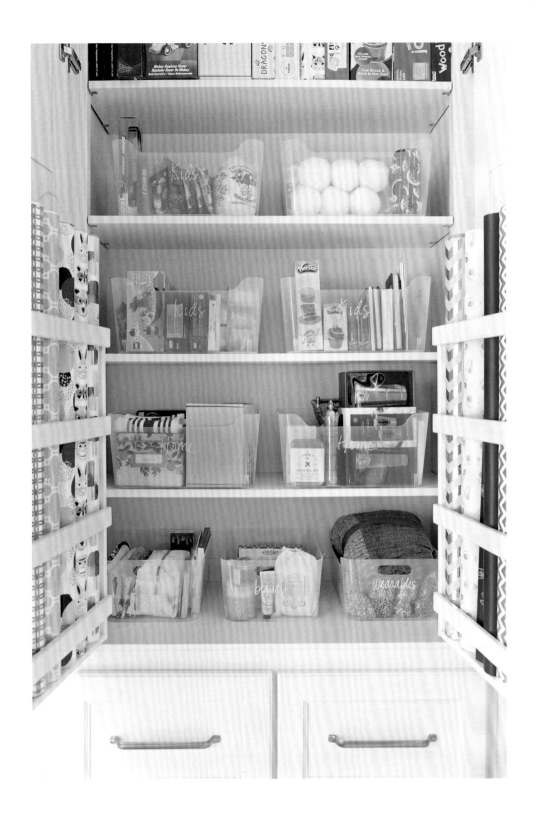

扩充礼物收藏品的小贴士

1. 当你的孩子收到了需要用电池或发出噪声或含有亮片的礼物时，趁他们不注意赶紧收起来，纳入转送礼的行列。

2. 当你收到了一个礼品盒，里面只有一半的东西想要留下时，剩下 50% 也要物尽其用，留着以后送人。

3. 你爸每年都送你紫水晶耳环，你却不好意思告诉他，尽管紫水晶是你的生肖石，你却根本不喜欢紫色……肯定有其他人喜欢。

4. 当你想到了可以送人的东西（蜡烛、书籍等）时，不妨买回家，这样随时有能送出手的东西。

5. 如果你不喜欢也没法退掉，那就留着它，把它送给别人是更好的选择。

送礼物的人需要很多包装材料。他们可不能捧着没有包装的香氛蜡烛就参加晚宴或生日派对。我们用一个橱柜收纳所有的薄皱纸、丝带和装饰品。薄皱纸难收纳，这是出了名的，所以别想着让它们看起来整洁无瑕，能收好（并按照彩虹色排列）它们就不错了。

特别设置的礼品包装区看上去就是比别处亮眼。如果你家空间够用，又想打造一个视觉焦点，那就在墙上挂画框，镶上可移动滚轴，然后把丝带和包装纸都套在滚轴上，包装礼物就变得更有趣了！

10 月
开始庆祝
圣诞节

　　有人抱怨在 12 月之前总会听到圣诞音乐。这么说吧，我们不是那种人。你交给我们一堆红绿色礼品挂牌，我们就会边唱《铃儿响叮当》边开心地收拾——不管何年何月，都是如此。

　　这个圣诞礼物抽屉里面装满了装饰品和小礼品。我们用上了抽屉隔断，这样方便分类收纳，同时要保证里面有充足的空间随时增加新玩意儿。

室内室外
待客之道

　　在整理惠特妮·波特家的待客用品时，我们发现两件事：一是她家的待客用品多到需要用橱柜装；二是很多用品都适合户外使用。毕竟，这里是美国洛杉矶，少不了举办泳池派对。

第一步：用品被分成室内用品和户外用品两类，按照使用频率分别收纳。

第二步：把户外用刀叉和餐具分别收进储物盒内，这样就能轻松取用。

第三步：把茶杯和沙拉碗等不常用的物品放在靠墙的位置，这样就不会占用主要空间，把主要空间留给那些菠萝杯！

　　有了更简洁的安排，就不需要用储物容器，只要按照种类摆放物品即可充分利用置物架空间。户外待客用品格外笨重，所以也要视情况分散放置。

家庭
橄榄球
对抗

　　我们可不想掺和托马斯·雷特与劳伦·阿金斯的橄榄球话题，说实话，我们不想介入任何橄榄球的相关话题。这可是一项运动啊！我们根本分不清哪边是进攻方、哪边是防守方，不过这项运动似乎很流行。在他们家里，我们看出阿金斯一家对此项运动是认真的：托马斯是佐治亚大学斗牛犬队的粉丝，而劳伦是田纳西大学志愿者队的铁杆球迷。我们反正无所谓，毕竟对这项运动一点儿也不了解，只想让他们开心而已。

　　第一步：我们小心翼翼地把橄榄球用品分成他的和她的，紧张程度不亚于剪掉炸弹的引线。我们乐于通过自己的努力，让"橄榄球周日"保持它的乐趣和单纯！

　　第二步：如果客户不是不同球队的忠实粉丝，我们会在吧台摆放许多中性的纸杯（还有备用纸杯）。是的，我们知道杯子是红色的，似乎偏向佐治亚大学斗牛犬队，但我们假装不知道。

彩虹收纳法

　　对会参加比赛或在家举办看球派对的球迷，我们会给他们设计不同的区域来摆放所有球衣、布幔和围巾。我们甚至设计了一个假日区，这样既能体现体育精神又有圣诞氛围。

　　还有对那些喜欢把朋友请到家里一起看比赛的人，无所谓是什么比赛或者支持哪支球队，只要电视开着、啤酒不断就行。这时候，我们会设计一个可以随时移到户外的啤酒保温套盒。客人来的时候，拿起一杯啤酒，套上杯套，啤酒就能一直保持凉爽！

　　如果想要用吸管喝饮料，就再加一个吸管区。任何饮料我们都能搞定！

真人真事

几年前，我们根本不知道啤酒保温套是什么……我们以为那是套在茶壶外头的针织品。时至今日，我们才知道那是体育迷的必备品。

彩虹收纳法

任何
场合都
需要餐巾

一些人看到整柜的餐巾就开始慌了，我们可不会。拥有满满一架子不同颜色与花纹的亚麻餐巾，可以说是我们的梦想。而为这些餐巾设计收纳方案，正是我们这些收纳迷的价值所在。

第一步：叠起来的餐巾尺寸大概是多大呢？和一只女鞋差不多。尺寸刚刚好，这样就很容易找到合适的收纳产品。我们最终选择用可堆叠分层鞋托和透明鞋盒的组合来收纳各种餐巾。

第二步：我们按餐巾颜色分类收纳，我们最喜欢这样的安排！

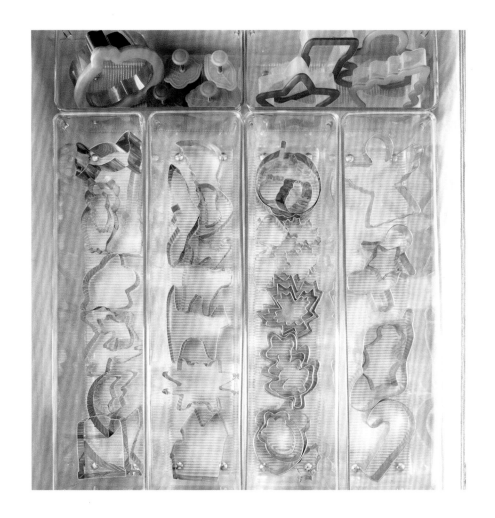

认真筹备
庆祝活动的人

我们根本不知道怎么烹饪，更不用说烘焙了。不过我们喜欢收藏各种饼干模具，很喜欢把它们按照形状分类收纳，做一整天也不嫌累。当然，我们会按假日和季节分类，这样就能与日历契合。是的，我们挺疯狂的。

不是所有人都在意季节，有时候我们会将物品分成生日物品和日常物品两大类。牙签和吸管、蜡烛和道具都被分开收纳。

你可以持有物品，当……

它满足
实际
功能

这部分物品不能为家里增色，但这一点也正是它们的特质。还记得我们在本书开头的时候提到的马桶搋子吗？我们每家都需要马桶搋子，还有洗衣液、抹布和灯泡。这些东西看上去没什么特别，但是更无趣的难道不是没有洗衣液、抹布和灯泡的生活吗？所以，这里我们要说，如果某样东西能解决日常生活中的问题或满足某种需求，那么无论如何都要备一些。我们有许多方式来收纳这些物品，"用之不竭"往往是储备充足的家居生活的一部分，这样才不会买太多。

伊娃·陈在我们的"照片墙"上看到自家厨房，她说："怎么会有人要用这么多醋？"话音刚落，她就反应过来了，这是自己家的醋啊！

彩虹收纳法

清洁强迫症

有句话我们之前说过，以后还会不断提起——做清洁就是做有氧运动。为什么不在锻炼和做清洁中获得双重好处呢？上瑜伽课不能帮你洗碗，做俯卧撑也不会让游戏室变整洁。

第一步：对橱柜的收纳方案做完评估之后，我们认为显然需要再加点什么，于是"请"出我们最有价值的产品——门后组合置物架。

第二步：把清洁喷雾、抹布和除尘布塞进置物篮，剩下的空间就可以用来放几卷厨房用纸和垃圾袋。妥善收纳所有清洁用品，会让清洁这件事本身变得更容易。

我们通常会把大部分清洁产品放在水槽下方的空间，因为每家都有这块地方，虽说有大有小。为了充分利用每一寸空间，我们选用可堆叠置物盒以适应橱柜高度（最下面的置物盒实际上是组合抽屉，这样不需要取下上方置物盒就能取用下面的物品）。我们把常用物品整齐排列在橱柜中间的水管下方。

　　另一个我们常用来存放清洁产品的空间是洗衣房的橱柜。洗衣房通常还有其他功用，所以我们把这里叫作"家政间"——是的，我们可以给所有东西贴上标签，即便是凭空创造的标签。只要你给一块空间重新贴上标签，把其他东西收在这里就变得自然而然了。这个橱柜或许一开始只存放洗衣液，但是加入喷雾剂和抹布之后，就具备清洁整座房子的功能了。

在这个家政橱柜里，洗衣用品如此摆放是为了方便取用，顶层则重新调整为灯泡收纳区。如果坚持认为家里某个房间只能存放某些东西，那么就没法放别的物品了。但是只要稍稍调整房间环境，那么肥皂、喷雾和灯泡都可以放在一起啦。

家里的
工具间

老实说，我们根本不了解修理工具，不知道它们叫什么，不知道怎么用，也不着急搞明白这些。然而，在整理客户的工具物品的时候，我们就下意识地依照自己的理解来收纳——按照彩虹色摆放。

第一步： 将这些玩意儿都摆在地板上，然后把看上去差不多的组合到一起。

第二步： 在弄清楚哪些要挂在洞洞板上、哪些要收进抽屉之后，就可以在洞洞板上安放挂钩、置物盒和横杆来收纳上述物品。

第三步： 谢天谢地——组合起来的物品还真的有各种颜色，这样我们就能按照彩虹色摆放了。

我们觉得，既然客户买了各种颜色的工具，他们一定会像我们一样充分展现彩虹色的特征。

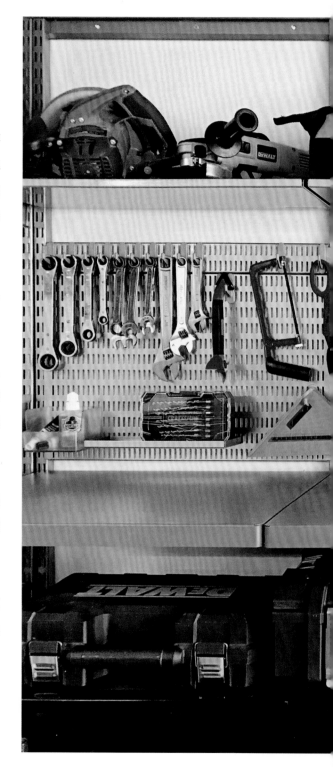

彩虹收纳法

　　有时候，最简单的办法就是最优解。既然我们已经明白收纳修理工具不是自己的强项，那么把所有基本用具一起收到方便取用的置物盒里就成了最好的办法。

　　虽然日常用品和修理工具差不多，但我们处理起来更得心应手。把各种粘贴用品和电池分别收进不同的区域，具有很强的疗愈功能。尽管可以把钉子和螺丝归入修理工具范畴，但是凭直觉也知道应当把两者分开存放。

　　　　　　　　　　　　　　　　　　　　　　　　　　　　　　　彩虹收纳法

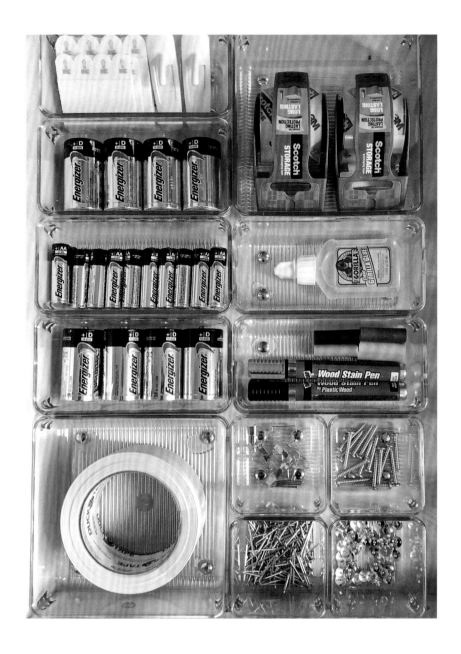

真人真事

乔安娜有电池恐惧症，具体来说是电池液
恐惧症。她坚信每个电池都有可能自燃，
所以拒绝接触它们，并且把收纳电池的工
作交给别人。

彩虹收纳法

居家
物品
存货

　　各家各户都需要一个专门储存生活必需品的地方。生活必需品包括厕纸、厨房用纸、尿不湿以及感冒药等诸多物品，你可不想在晚上 11 点突然发现这些物品用完了再临时出门采购。我们曾经负责收拾伊娃·陈家的日用品存货，虽说她家不缺任何生活必需品，但她几乎不可能在需要的时候及时找到它们。

　　第一步：为了填满日用品橱柜，我们搜遍了她家的客厅和走廊，并且把所有东西都分类堆放在地板上，接着测量和清洁橱柜置物架。

　　第二步：伊娃的橱柜有足够的存放空间，但有些地方不方便取用。在规划置物盒位置的时候，我们会把不常用的物品放在被遮挡的门后，而把经常用的东西放在中间。

　　第三步：我们小心地把物品放进置物盒，确保大部分物品都能收进去。这里可是美国纽约的公寓，和以往任何任务相比，此次整理任务将更加重视对可利用空间的充分利用。

随时
都有笔用

当你要用笔的时候却找不到笔是不是很闹心？虽然我们因为用水性马克笔签收某些东西而内疚，但是手边只有这支笔。所以，在家里设置一个区域专门用来放基本的办公用品，准没错。我们在橱柜的一个置物架上利用可堆叠的抽屉搭建一个必备办公用品九宫格。

这种设计的好处是你不会买太多，因为每个抽屉的空间有限。每个人都要用笔，但是囤积一抽屉的笔就过分了。每家需要的订书机也不会超过三个，还是把空间留给其他物品吧。

彩虹收纳法

防寒用品

美国加利福尼亚州的人看到这张图片——把一大块橱柜空间留给四季通用靴子，会觉得不可思议。我们可以负责任地说，在美国的很多地方各种防寒用品都是冬季必需品。设计一个冬季防寒用品区，能让这些地方的人在早晨更轻松地走出家门，并且围巾也不用都堆在地板上。

你可以持有物品，当……

它使你开心

如果你只打算读本书的其中一章，那我们就推荐这一章。我们可以列出所有人值得拥有东西的理由，但最有说服力的理由莫过于它们能让你开心，用近藤麻理惠的话来说是某件东西"让你怦然心动"。是的，你可以为了孩子、工作以及生活的方方面面持有物品。但是，拥有那些让你发自内心感到幸福的东西，是何其幸运！

通常，我们在开始收纳任务时都会询问客户是否特别喜欢某个地方的某些东西。热衷烘焙的人会在食品柜里堆满食材，有些人会把最喜欢的鞋子塞满橱柜，还有些人会把积攒多年的第一版小说摆在书架上。只要我们了解到客户在意的东西，就会试着用各种方法展示他们的收藏品。我们也建议所有人都在自己家里这么做，这个过程本身就令人身心舒畅。如果你需要一些帮助才能发现真正让自己开心的东西，那么我们一起来一场选你所爱的冒险游戏。

通过物品衡量幸福感的
非科学指南

当你看到某件东西时，是否出现以下情况？

第一种：感到十分满足——耶，赶紧把它摆出来。

第二种：为拥有它而感到高兴——妥善保管。

第三种：总是忘记家里有这件东西，但是这次一定会记得使用它——好吧……不过我们只会给你六个月时间；如果六个月之后还没用上，就扔掉吧。

第四种：你特意记着婆婆来的时候要拿出来用，这样她会觉得你喜欢——拜托，她根本不会在意的，赶紧把它送给会喜欢它的人！

第五种：你需要别人提醒你丢掉不需要的东西。还等着别人请你做吗？赶紧丢掉（不好意思，我们太激动了）。

如果面对任意一件物品，你能笃定地说它属于上述第一种或第二种情况，那么我们完全赞成你持有这件物品，纯粹因为它能让你开心。实际上，我们鼓励你拥有它。

包包天堂

我们非常能够理解拥有许多包包的客户，实际上，我们并不是完成包包断舍离任务的最佳人选，因为我们总会说："好好好，把这些都留下来。"在整理曼迪·摩尔的衣柜时，断舍离变得更加困难，因为每一件物品都似乎值得留下。既然设不得丢弃包包，我们决定设计一个收纳方案来展示她的（还有我们的）最爱。

第一步：因为没有什么更好选择，所以我们干脆选择用中间的挂衣杆和梳妆台台面来展示各种包。

第二步：把托特包和可以挂起来的手提包都挂在衣杆上，把手拿包和小钱包收进带隔断的亚克力盒里。

第三步：我们特意选择用上面开口的置物盒来搭配一个不开口置物盒，这样就能把我们最喜欢的红色钱包摆在置物盒最上方。

彩虹收纳法

烹饪书
收藏家

　　知道谁最喜欢烹饪吗？贝茜·菲利普斯肯定算一个。还有她家孩子！在贝茜家厨房，烹饪是全家参与的大事。我们一一检查他们的橱柜、抽屉，最后是食品柜，然后发现她家真的什么都有。不过，有时候许多东西能提供一些线索，让我们了解这家人在乎什么。这有点像收纳界的占卜板，给我们指出正确方向。在贝茜家，我们的收纳方向是一堆又一堆的烹饪书。

　　第一步： 我们从厨房台面上、橱柜里和冰箱顶上搜集烹饪书，然后把它们堆在厨房餐桌上；同时，食品柜也被掏空。

　　第二步： 虽说我们主要是收纳烹饪书，但也不想让食品柜里的食物变得不易拿取，所以我们把这些书按照彩虹色摆在橱柜顶层。

　　第三步： 我们用置物盒、旋转托盘和储物罐的组合来储存食物，把多出来的杂物收进定制的不锈钢架帆布置物篮。

真人真事

有时（还是经常？）小孩是最权威的批评家，所以当贝茜的女儿伯蒂和科瑞奇特第一次看到整理后的食品柜时，我们特别紧张。谢天谢地——她俩很喜欢我们的工作成果，因为如果没有她们的认可，我们不会结束工作离开的。

美妆产品
让生活
变得更好

　　有些人和我俩一样，只有在公共场合出现的时候才会打点粉底，涂点唇彩，而对有些人来说这是天生的爱好。他们喜欢收集不同色系的唇釉和眼影盘。我们理解这一点（即便我们根本不知道怎么用这些东西），并且乐于伸出援手。在橱柜里，堆叠的组合抽屉不仅能够容纳如此多的美妆产品，还兼顾了其繁杂的分类。没人能在我们眼皮底下把唇线笔和眼线笔混在一起！

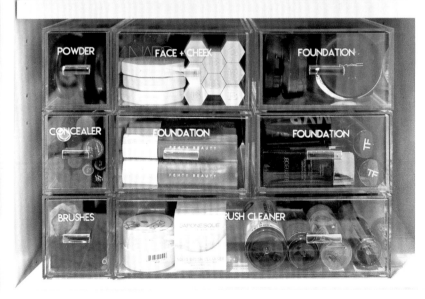

彩虹收纳法

鞋墙

对于大部分物品的收纳，我俩都喜欢，但是没有什么比收纳"鞋痴"的收藏品更有趣的了。有红底鞋、铆钉鞋、绑带鞋、15 厘米的高跟鞋等，把各种款式、各种颜色的鞋，都拿来吧，我们有办法对付它们。结果杰西·詹姆斯·德克也真的没跟我们客气，不断从储藏室里搬出鞋子。我们一下子被巨大的鞋盒和成堆的鞋子包围，最后只能说："好了，就当我们刚才没说过，这么多鞋子真的够了，谢谢！"

第一步：即便是收纳鞋子，也要遵守二八定律。我们清楚杰西对鞋子的喜爱，但是还是要劝她丢掉一些。收纳需要留有余地，留白空间对值得展示的收藏品最重要。

第二步：杰西个子不高，所以我们会把她最常穿的鞋子放在靠近柜底的位置。此外，我们还在鞋柜中间按照彩虹色排列鞋子，把两侧的位置留给黑色和中性色鞋子。

第三步：不是所有鞋子都有相同待遇。我们把球鞋、凉鞋和拖鞋收进置物篮里，不仅方便取用，而且不影响展示效果。

这个鞋柜将永久载入我们收纳案例的荣誉史册，不过先让我们花点时间仔细研究一下这些鞋子。显然，我们的客户不仅钟情于某些品牌，还会在发现喜欢的款式之后，买下同一款式各种颜色的鞋子。所以，在这种情况下我们没有按照彩虹色摆放鞋子，而是先把同一品牌的鞋子放在一起，然后区分款式，最后才区分颜色。有时色彩搭配很关键，但也不尽然！还是好好研究这些鞋子吧！

彩虹收纳法

色彩
疗法

　　喜欢某种色彩（有时是没有色彩）属于个人偏好，不同的人对色彩的偏好大不相同。有些人偏爱某种色彩组合，有些人总被某种色彩吸引。不管是什么原因，对一些人来说，某种颜色总会比别的颜色更让他们开心。当在某客户家里觉察出某种色彩倾向的时候，我们都会试图把它展现出来。在整理某位歌手兼词曲作者的衣柜的过程中，我们将黄色作为其主色调。我们觉得，增加一些收纳小技巧来凸显她最爱的物件十分有趣。

　　第一步：她经常旅行，所以我们得搜遍各种背包、行李箱、衣柜和抽屉来寻找她的物品。

　　第二步：我们想要凸显她的黄色饰品，同时也想把类似的物品组合在一起。为了实现这一目标，我们把黄色手链都放进这个饰品盒里，顶层则用来摆放黄色太阳镜和其他同色饰品。

　　第三步：把手提包和皮带等饰品放在标签标注的门后置物篮里。当然，我们一定会让黄色的那些物品脱颖而出。

彩虹收纳法

博比·博恩斯非常喜欢红色，他有红色衣服、红色鞋子，甚至还有红色的吉他。红色的鞋子是他最常穿的，尤其是在表演的时候，于是我们把红鞋摆在开放鞋架上，把其他的则收进顶层鞋盒里。

从埃尔茜·拉森的家可以看出她对各种彩虹色的喜爱和重视。在走进她家厨房准备整理的时候，占据一整面墙的精心展示的玻璃制品瞬间吸引了我们的眼球，让我们完全忘了自己来这里的目的。尽管已经在"照片墙"上看过照片，但亲眼所见感受截然不同。所以，以这整面墙的艺术品为中心，整理旁边的橱柜和抽屉就不费吹灰之力。至少我们还能用互补的铜制装饰开放置物架，与另一边相得益彰。

真人真事

在第一次走进埃尔茜家的时候，我们惊呆了——因为每个房间都很棒。后来回到车里，我俩默契相视，然后说："如果我们想要继续完成这个整理项目，最好赶紧想办法装出自己有两把刷子的样子。"

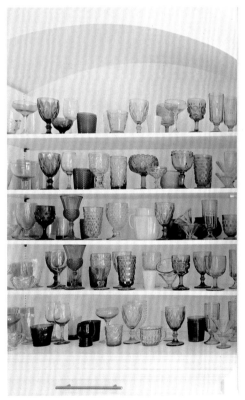

书虫

我们从不建议别人把书丢掉。去掉一本书只可能有一个原因，就是你想把它给别人。不管是你喜欢且愿意与人分享的小说，还是一本你已经用不上的育儿书，都可以用来送人，把你对书的喜爱传递出去是不错的选择。不过，对于书的收纳我们的经验是：如果你爱书（这也是我们的希望），那么就把每一本都留下来。它们不需要电池提供动力，在你需要的时候随时可看，还是每家每户最好的"装饰工具"。在整理丽娜·维特家书架的时候，我们创造性地把传统的彩虹色排列做了一些混搭。

第一步：还是老一套，把所有的书都堆在房间里。根本没有下脚的地方，是的，这确实会构成火灾隐患。

第二步：看着所有的书，就会发现一些颜色的书比其他颜色的书多。所以我们决定这样组合：把彩色的书放在中间，两边用来放黑白两色的。有些书不太适合这样摆放，那就把书调换方向摆放。

第三步：把收纳盒放在书架低层，使其融入书籍中。

彩虹收纳法

在家里任何地方放书，我们觉着都挺好，把书放在孩子的房间是最好不过的。书能为房间增添色彩，还能让孩子随时读书（或听书）。小孩可能没法按照字母表顺序查找书籍，不过他们一定能找到绿色封面的书，不仅能找到想要的那本，还能在读完之后放回原处。

　　　　　　　　　　　　　　　　　　　　　　　　　彩虹收纳法

让你
开心的
爱好

　　不管是喜欢园艺、弹吉他还是织毯子，有爱好总是好的。它能让你短暂摆脱日常生活的压力，我们支持所有人都能学会某项技能并坚持练习。

　　第一步：我们最喜欢的一项整理线球的技巧是用透明杂志盒收纳所有颜色的线球。我们不会编织，但是能不能把"缠线球"也算作一项爱好呢？

第二步： 缝补用品被收进茶叶分隔盒里（此时要提醒大家，在购买收纳盒的时候要逛遍商店所有区域，因为指不定在哪儿就能找到合适的收纳容器）。

第三步： 编织用具和编织图样没那么好看，所以最好把它们收进带盖的置物盒里。

线球收藏品占据了一整组置物架，包含各种颜色。因为线球很多，所以我们用了比杂志盒更大的文件盒。

　　　　　　　　　　　　　　　　　彩虹收纳法

怀旧系列

　　每个人的怀旧方式不尽相同：有的会把所有东西都留下来，有的则把某些有意义的物品视作宝贝，有的只是留下唯一一件有感情意义的东西……比如把一个叫作大猩猩（这没什么好解释的）的毛绒猴子玩具摆在置物架上，因为《玩具总动员》这部动画让孩子觉得把大猩猩放到储物盒里会让它无法呼吸。这只是随便举个例子。想要保留自己喜欢的东西或者那些我们爱的人送给我们的东西，是我们所有人的需求。只要你真心喜欢这些物品，并且别让带怀旧意味的收纳行为失去控制，你就完全可以留下任何承载特殊感情的物品。

　　霍达·科特的衣橱就是一个很有代表性的例子。我们在清理她的衣服、鞋子和手提包时，她床上已经有一大堆物品等着送给别人。她能清楚地意识到自己不需要某些物品，这一点让我们颇为骄傲。但还是有些东西她不舍得扔掉，我们会把这些东西放在最重要的位置。顶层架子用来摆放她所有的日记，底层放的是新奥尔良圣徒队的T恤、球衣和球帽。我们甚至让她保留了不止一套，因为我们心地善良，而且我们真的喜欢霍达。

在清理霍达的衣柜时，我们翻出了一只里面装着小孩袜子的马克杯、一个里面散落几颗法莫替丁和一支牙刷的手提包以及好几个剃刀。所以，不要以为我们的工作没有危险！

彩虹收纳法

我们为克洛伊·卡戴珊家设定的目标是设计许多记忆盒子来收纳便条、卡片和来自家人朋友的纪念品。我们知道这些收藏品对她具有特别的意义，所以一定要特别展示出来。

第一步：纪念品形状大小不一，所以我们必须决定把哪些展示出来、把哪些收起来。清点所有物品之后，我们决定展示便条和卡片，把纪念品等大件物品收起来。

第二步：给这些东西做好分组（分为父母送的、兄弟姐妹送的、朋友送的等几类）之后，把它们收进透明亚克力储物盒以方便展示，用淡粉色标签给储物盒增添特别的感觉。

第三步：把克洛伊自己的文具放在正中间，方便她给别人留便条。

　　我们用最常用的一整套文件盒来存放怀旧物品，里面可以放卡片、演唱会门票、孩子的艺术创作、高中毕业证等各种东西。对于有些比面包盒更大的东西，我们会把它们收进可以立起来的方盒里。对于再大一点的东西，一个书柜就能全部搞定，而且让装饰效果更好。精心摆放有重要意义的东西，能让它们永远留在我们心里。如果你喜欢这些东西，会想每天都看到它们。

那个印着"One"的摆件曾经被摆在克莉和约翰婚礼的餐桌上，那些照相机都是她爷爷留下的，还有……她奶奶留下的标志性的眼镜照片。

点睛之笔

我们之前说过：收纳时一定要理性在先，美观在后。现在，我们已经讲完所有理性的收纳系统，是时候来点"甜点"了。让形式与功能融合是我们的专长，现在要跟你们分享我们的秘诀。

一定要有视觉焦点。我们也称之为"心动瞬间"。即便是一点小心思，也能点亮整个空间。不管是食品柜里的储物罐，还是橱柜里展示的手提包，都能达到这种效果。

- 在透明罐里装零食或其他干货，然后把它摆在食品架的中间。
- 把最喜欢的手提包摆在衣柜的亚克力台子上。
- 把游戏室书架上的创意用品和书籍按照彩虹色排列。
- 展示彰显个性的摆件（比如，仙人掌高跟鞋或者猫王的画像，这两样现在都摆在凯茜·马斯格雷夫斯家的柜子里）。

要有空间感。摆放任何东西之前都要观察整体空间，要充分且均衡地利用空间。

- 奇数摆放：在架子上摆放三个置物篮比摆四个更好看。如果空间还有剩余，就把三个篮子等间距摆在正中间。
- 如果能叠放，就叠放，但是一定要先想好视觉重量的分布，不能让叠放的置物盒看上去歪歪扭扭或头重脚轻。
- 留些空白。留白是好事，能让家有拓展空间的可能（还记得二八定律吗）。
- 用透明储物容器增加空间深度，让小空间显得更大。

视觉统一是关键。谨慎选择储物容器，并保持统一。不协调的物件会让空间看上去很凌乱。

- 确定了你家或某个空间的审美风格之后，就根据这种风格采购物品。
- 注意把手、纹理等小细节。如果你决定将不同风格混搭，确保这些混搭的东西看上去是经过设计的，而不能让人抓不住重点。
- 摆放同样或类似的东西，让空间平衡（也就是对称）。可以变化高度和形状，以免显得单调。只要两件东西看上去差不多，就能相互平衡。

尽量按照彩虹色排列。只要便于收纳，就把东西按照彩虹色排列。很多时候，这样是为了满足对功能的需求，但有时……就是为了好玩。

贴标签。这点和按照彩虹色排列差不多，多数是为了满足对功能的需求，让空间整洁。但是有时贴标签仅仅是为了好看，这也没关系。空间看上去更好看，就让人更有动力去保持整洁。

擦拭表面。这看上去显而易见，但是定期清洁——尤其是窗户和橱柜玻璃，对保持空间的整洁大有帮助。

致谢

　　乔安娜，谢谢你成为我的拍档。没有你，我一天也过不下去。约翰，抱歉，你在我的致谢词中只能屈居第二，但是你在我心里可是排第一的。现在，我感觉又欠乔安娜一个道歉，我好像已经听见她说："什么？我在你心里没位置？"我错了。你们两个我一样爱。

　　斯特拉和萨顿，你们是我的骄傲和快乐之源，是我一生所爱，能做你们的妈妈是件幸事。可别说我把你俩放在第三和第四位，我这可是按照姓名字母来排序的。至于我的家人和朋友们，抱歉最近总是词不达意，我保证明年会做得更好！

——克莉

　　首先要感谢你，克莉！你是一位所向披靡的商业伙伴、我最喜欢的一个人，你具备了非凡的奉献精神、无尽动力、设计眼光和无与伦比的才能，能够以美观、有趣、有效且井然有序的方式展现我俩的想法和收纳方法。

　　还要感谢我的另一位人生伴侣——杰里米。谢谢你在13年前娶了我，你是孩子学校第一紧急联系人，是我的依靠。

　　最后，迈尔斯和马洛，谢谢你们欣然接纳了我的"第三个孩子"——收纳事业，我非常清楚它有时会需要我们大家都付出努力。你们对它的宽容和理解我都看在眼里。

——乔安娜